「矢追純一」に集まる
未報道UFO事件の真相まとめ

巨大隕石落下で動き出したロシア政府の新提言

宇宙塾 主宰
矢追純一

明窓出版

まえがき

私がよく受ける質問には、「矢追さん、ＵＦＯって本当にいるんですか？」というものが多い。が、今頃そんなことを言っているのは、時代遅れも甚だしいと言えるだろう。ＵＦＯと宇宙人が地球を訪れている事実は各国の要人や諜報機関では、すでにはるか以前から自明の理になっているのだ。

１９２９年、すでにドイツのナチスはＵＦＯを製造してテスト飛行を行っていた。その事実をはじめ、米ニューメキシコ州ロズウェルで起きたＵＦＯ墜落事件。そのとき生き残った宇宙人を通じて米政府が１９５０年代から宇宙人と直接交渉している事実や、本書の第１章で明らかにしている通り、ロシアのメドベージェフ首相がアメリカのオバマ大統領に「ＵＦＯと宇宙人の存在を共同で公表しよう」と呼びかける提案をしている事実に至るまで、諜報機関や政府要人の一部はすべてを知っている。

その証拠としての公式文書、たとえば１９７８年、市民団体がＣＩＡに対して起こした裁判にＣＩＡが負けて、９３５ページものＵＦＯ極秘文書を公表した事実をはじめ、証人、写真、動画など、公表されているだけでも数知れぬほど多いにもかかわらず、多くの人がその事実を知らないのはなぜだろうか。

言うまでもなくそのような情報がわれわれ一般庶民のもとには一切届かないからだ。例え話で考えてみよう。もしあなたが親の立場だったら、子供に何でも教えるだろうか？　子供には言っていいことと悪いことがあるはずだ。言うべきでないと判断した場合は、言わずにおくだろう……。ということは、親は子供に対して秘密があるということになる。

ではこの例えを大きく広げて、親の代わりに国家とか世界を例にとってみよう。すると国家や世界の指導者や権力者たちにとっても、〝一般庶民に言わない方がいいと思うことが、たぶん山ほどあるにちがいない〟ということに気づくだろう。

私たちが自分の知識として手に入れる情報は、新聞記事、テレビの報道、本、インターネットや人伝えの話くらいに限られる。それ以外はまったく知りようがないのだ。

もう一つ例をとれば、イラク戦争やアフガン戦争のニュース報道で、多くの一般市民たちのむごたらしい死体が地面に転がっている映像を見たことがあるだろうか？　戦争であるからには、現地ではそうした光景がいやになるほど見られることだろう。でも、私たちの目には触れることなく忘れ去られていく。

そのため、戦争は恐ろしい、絶対に起こしてはならないという、切実な気持ちが起きてこない。現実を見つめる機会が与えられないからだ。

このように、私たち庶民は隠されている情報には接しようがない。その限られた情報をもとに、世界観や人生観、価値観を決めるしかないのが現状なのだ。

高名な文明批評家のマーシャル・マクルーハンは、いみじくも次のように述べている。

「マスメディアというのは情報の媒体ではなく、メッセージなのだ」

この意味は、マスコミの役割は情報を媒介するのではなく、伝える側が、伝えたい情報を一般庶民に伝えるだけだ、ということになる。ＵＦＯや宇宙人の存在もそういう意味では伝えたくない情報の一つなのだ。

それはなぜか？　考えてみると現在あるすべてのシステム、つまり、政治、経済、法律、社会、日々の生活等々あらゆるシステムは「地球以外には文明がない」という前提でできている。もしその前提がくつがえったら、社会的大混乱どころの騒ぎではない。

すべての仕組みをゼロからやり直さなくてはならなくなるのだ。一時的にはほとんどすべての人が失業することになるだろう。

そう考えてみると、世界の、顔の見えないリーダーたちが、ＵＦＯと宇宙人問題を隠そうとするのも無理はないのかもしれない。だが、目隠しをされたまま、走らされていたのでは私たち一人ひとりの真の自由は得られない。その状態では本当の意味での人生観や価値観を築くのは無理だろう。いま、一人ひとりが自分に自信が持てず、つらい思いや苦しい思いをしているのはそのせいではないだろうか。

本書は、私がこれまでの半生、１人のジャーナリストとして、表には出てこない情報に焦点を当てて取材してきた、その集大成である。

本書があなたの新しい価値観、人生観を築く参考になれば幸いです。

矢追純一

第4章　さまざまなプロジェクトで明らかになるＵＦＯ・宇宙人情報

第5章　ロシアはソ連時代からＵＦＯを開発していた！

第6章　アメリカは宇宙人と密約を交わしている！

プロローグ　２０１４～２０１５年、ついにＵＦＯと宇宙人からのコンタクトが実現する！

「ごく近いうちに、ＵＦＯと宇宙人の存在が公表される」

と聞いたら、あなたはどう思うだろう。おそらく、

「えーッ！　本当?!」と驚くことだろう。

「ＵＦＯとか宇宙人って、本当にいたの?!」

と、そこで初めて、その存在に注目する人も多いかもしれない。

だが、現実はシビアだ。アメリカとロシアの両首脳が、その事実を共同発表する日は近い。両大国とも、いや、英仏独中、その他の大国も、これまで長年、ＵＦＯと宇宙人の存在については「トップシークレット」として極秘にしてきた。だが、その裏では、全力を挙げてひそかに調査・研究を続けてきたのだ。

そのことを裏づける証拠となる事実がつい最近、公表された。それも、ロシアの首相が自らマスコミに暴露したのだ。

２０１２年12月7日、ロシアのメドベージェフ首相が、テレビ番組終了後のテレビキャスターからのインタビューの中で、「宇宙人についてのファイル」の存在についてコメントした。

このとき、彼は自分のマイクのスイッチがオンのままだったことに気づいていなかったらしい。

女性キャスターが、

「大統領になると、宇宙人やＵＦＯの情報を知らされますか？」

と聞いたところ、メドベージェフ首相は、

「一度だけはっきりと言います」

と前置きしたうえで、こんなふうに答えたのだ。

「大統領就任時に、核兵器発射のコードが入っているブリーフケースと特別な極秘ファイルを受け取ります。これは、地球を訪れた異星人に関する資料です。彼ら宇宙人を管理する、完全に秘密な特殊機関による報告書で、これらは任期終了とともに、次の大統領に渡されます。詳細は『メン・イン・ブラック』という映画を見ればわかるでしょう。われわれにまじって何人の宇宙人が住んでいるのかは言えません。パニックになるといけませんからね」

ここで出てくる「メン・イン・ブラック」だが、このニュースを聞いた人たちの多くは、ハリウッド製のコメディ映画を思い浮かべたようだ。そのためこのニュースは各国のマスメディアにメドベージェフ首相の軽いジョーク、リップサービスとして受けとめられ、新聞でも小さな記事としてしか扱われなかった。

だが、実はそうではない。首相の言った「メン・イン・ブラック」とは、ＵＦＯや宇宙人に関する事件に基づいて制作された、ロシア製のドキュメンタリー映画のことを指していたのだ。

いずれにしろ、当局がまだ公式に世界に発表できない事実を、ロシア市民にさりげなく示すために、メドベージェフ首相のコメントが事前に用意されたのかもしれない。

その後、情報開示の動きはさらに高まっている。

その翌年早々の2013年1月23日から27日にかけて、スイスで開かれたWEF（世界経済フォーラム）の場で驚くべき事実が公表されたのだ。

WEFは健康や環境問題への対策を討議するために、年に一度、スイスのダボスで開催されている。各国の政治指導者、実業界、学会のリーダー、ジャーナリストなど、2500人で構成されている。

2013年のWEFにおける特別分科会では、「自然・Xファクター」のカテゴリーの討議に重点が置かれた。

「Xファクター」とは、「宇宙のあらゆる場所に生命が実在する証明と発見が、人類の信念体系に及ぼす心理的影響について研究する」というものだ。これには、われわれ地球人がまだ理解していないUFO、超常現象も含まれている。

この特別分科会の中で、メドベージェフ首相がアメリカのオバマ大統領に、

「世界は地球外生命体の実在の真相、地球外生命体を監視する秘密機関の存在を知るべきだ。もし、米国が公式発表に加わらないのなら、クレムリンは独自に発表を行う予定である」

と宣言したのだ。これはロシア外務大臣の報告として、ロシア外務省が発信しているので、間違いのないニュースだ。

実はプーチン大統領は、以前から異星人の存在を公表しようと主張している。日本では知られて

いないが、ロシアではすでに情報開示が始まっているのだ。

２００２年10月5日には、ロシアの政府機関紙『プラウダ』の公式サイトが月面都市の写真を公表した。同紙は、火星のスフィンクスとピラミッドも公表している。

また、２０１３年2月10日には、国営ラジオ局「ロシアの声」が、チトフ記念宇宙実験センターのセルゲイ・ベレジノイ所長補の**「ロシア国防省の宇宙機器はＵＦＯをコントロールできない」という地球外文明を認めるインタビューを報道している。**

さらに、ベレジノイ所長補は、「地球外文明と戦う準備はいまのところない。そのような課題は示されておらず、地球上および地球周辺には問題がたくさん存在している」とも語っている。

このような発言も、冒頭にふれたメドベージェフ首相の発言も、プーチン大統領の意思に沿った流れと言えるだろう。

ロシアがこれほどまでに、「地球外生命体に関する事実の公表」にこだわるのは、ロシア国内ではたびたび異星人の脅威にさらされており、一国だけで対応することがもはや難しくなっているためらしいのだ。

異星人の脅威について語る前に、まずは地球規模で起きている深刻な宇宙からの脅威を紹介しよう。

TOP SECRET

第1章

続々と明らかになるＵＦＯ情報

オバマ大統領側近が、ＵＦＯ秘密情報の公開を提案！

ロシアにおける秘密情報筋からの報告によると、オバマ政権内でもＵＦＯ情報開示の動きが出ているという。その一つが、２０１３年12月15日、ロシア国営ラジオ局「ロシアの声」でも報道された。

それによれば、**「オバマ大統領の新特別補佐官ジョン・ポデスタ氏が、ＵＦＯに関する秘密情報を公開するように提案した。**ポデスタ氏は２００９年、オバマ大統領が就任した当日、ワシントン上空に現れたとされる未確認飛行物体をＣＮＮがスクープした直後にも、同じ趣旨の発言をしている」という。

報道の最後は「『ＵＦＯに関する秘密文書など存在するのか』という疑いも依然としてある」と、肯定派・懐疑派へのバランスを取ったまとめ方をしているが、この情報の意味するところは大きい。

ジョン・ポデスタ氏は、かつてクリントン政権の主席補佐官だった。クリントン大統領と同時に退任したとき、「政府はＵＦＯ情報を公開するべきだ」と主張して話題を呼んだ人物なのだ。実際にこれまでも真剣にＵＦＯ情報の公開を求めてきた。

ポデスタ氏は、クリントン政権の大統領首席補佐官退任後の２００２年10月、米情報自由法に基づいて、米国防総省が保有しているとされる未確認飛行物体（ＵＦＯ）に関する秘密文書の公開を申し立ててもいる。このときは特に、「１９６５年12月に北米の広い地域で火の玉のような物体が目撃された現象」に関する文書の公開を申請している。

物体はペンシルベニア州に墜落、軍関係者が墜落地域を徹底的に捜索した。そのうえで、米政府はこの現象を「隕石が落下した」と説明した。

しかし、目撃者の話では、「小さな車ほどの大きさでドングリのような形をした物体が、軍のトラックに載せられ、オハイオ州の空軍基地まで運ばれた」という。

ポデスタ氏らのグループは「異星人がいるかどうかの調査を始めてほしい、ということではなく、これまで説明がつけられていない空の現象について、科学的な調査を行うことを合法化してほしい」と主張している。さらに、ポデスタ氏は、「25年以上も前のことであり、政府はそろそろ文書を公開して科学者の手に委ね、その現象がなんなのかを確かめる作業を支援すべきだ」と訴えた。

これに対して、国防総省の広報担当者のコメントは得られていない。

アメリカではこのところ、オバマ政権による地球外生命体の公表について、さまざまな暴露や衝撃発言が続いている。プロジェクト・キャメロットのインタビューで、米軍が主催する社会科学研究会のピーター・ピーターソン博士が次のような衝撃発言をしている。

「オバマ政権は年内に地球外生命体との接触内容を公表する用意がある。訪問者の多くは友好的だということも明らかにされるだろう」

とはいえ、この原稿を書いている2014年4月現在、まだ公表されていない。

ちなみに、2009年のノーベル平和賞がオバマ米大統領に授与された背景には、オバマ政権が近々、地球外生命体の存在を公表する計画を進めており、これを後押しするためのものという情報もある。

さらに、新しい科学的パラダイムの研究で著名なデービッド・ウィルコック氏は、AMラジオ番組コースト・トゥー・コースト（Coast to Coast AM radio）のインタビューで、こんな主張をした。

「人間に似た地球外生命体の種族を全世界に紹介するための、2時間のスペシャルテレビ番組がすでに予定されている」

月の裏側で息をひそめているUFO編隊がいる！

2012年11月下旬、NASA（アメリカ航空宇宙局）にいる私の秘密の「情報源」から電話があった。

「大変なことが起きている。2012年9月くらいに、巨大なL字型の構造体が地球に向かって突進し始めた」

と言うのだ。それが人工物であるのか、自然なものであるのか、調査したところ、金属質のカーボン強化材を使用した構造体であり、地球上で考えられる最高の強度を持つ物質と比較しても数千倍もの強度があるという。

しかも、周囲にフォースフィールド（エネルギーや質量を持つ、目に見えない力場《りきば》で作られた壁）を形成しているため、接近不可能らしい。

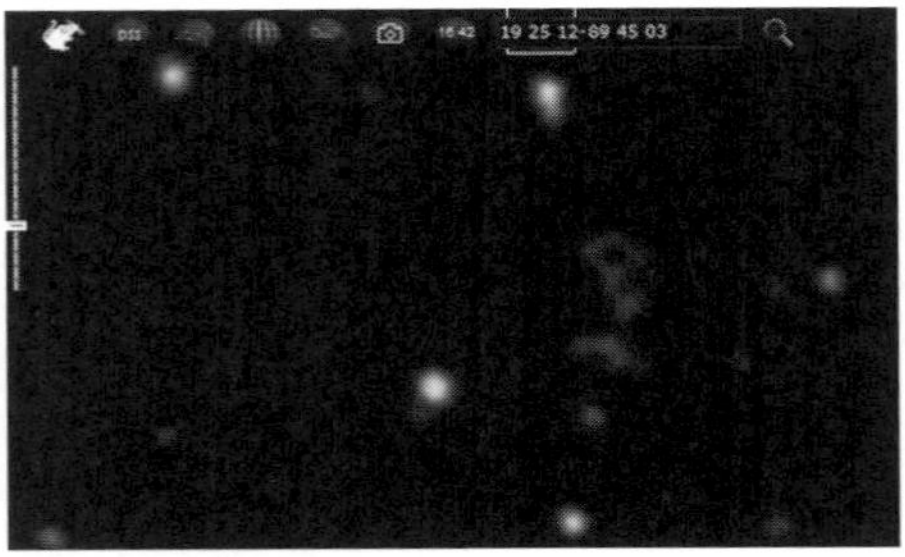

巨大なL字型の構造体が地球に向かって突進し始めた！

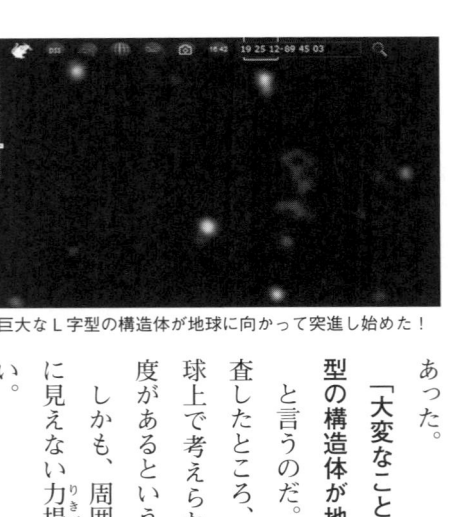

その後、物体は２０１３年１月に、火星から２００マイルのところを通過すると一旦消えた。

そして、月の近くに再び姿を現したときには、５機のＵＦＯとなって円陣の形に編隊を組んでおり、月に接近すると、突然、地球から見えない反対側部分に隠れてしまった。そして現在もまだ、月の裏側で待機しているという。

彼らはそこで、いったい何をしているのだろう。

ちなみに、この映像はテキサス州にある、全米第二の大きさで知られるマクドナルド宇宙観測所でキャッチされたという。私の「情報源」は実際に映像を見たらしい。

このようなことが起きている一方で、アメリカはデフォルト（債務不履行）危機による政府シャットダウンで、宇宙観測網は一時停止し、国際宇宙ステーションのライブカメラも一時期停止した。

いったい何が起きているのだろうか。

ひょっとすると、デフォルトはこの事実の隠蔽《いんぺい》のために演出されたとも考えられる。

太陽周辺でも異変が起きている。

２０１０年１月以来、ＮＡＳＡの太陽を専門に観測するＳＴＥＲＥＯ（Solar TErrestrial RElations Observatory）が、太陽周辺に群がる巨大なＵＦＯを記録し始めたのだ！

ＳＴＥＲＥＯは、２機の調査衛星で太陽の表と裏を観測できる衛星であり、コロナガスの噴出（ＣＭＥ）などを、立体的に調査している。

映像のＵＦＯはすべてが巨大であり、小さいものでも地球と同じくらいのサイズ、大きいものは地球の10倍もあり、あるときは４機、またあるときは９機が滞空している画像が送られてきた。そのほか、数多くのＵＦＯがなんと太陽の炎の中に出入りしているところまで映っている！　しかも、動画なのだ。

１００万度以上の高熱の場所に入っていく技術は地球にはなさそうだ。それに、地球人が地球以上の大きさのＵＦＯをつくることもありえない。これらは明らかに、

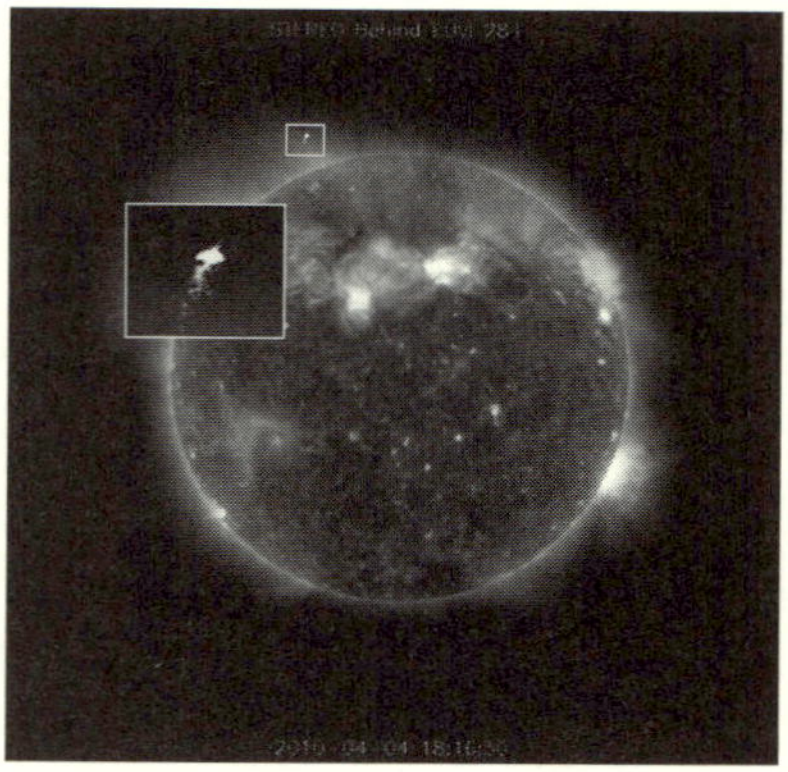

STEREO が、太陽周辺に群がる巨大な UFO を記録し始めた！

地球外生命体のＵＦＯとしか考えられないのだ。

日本の月探査衛星「かぐや」が送ってきた極秘映像

２００７年９月14日。ＪＡＸＡ（宇宙航空研究開発機構）の月周回探査機「かぐや」が打ち上げられた。月周回軌道に入ると、２機の子衛星を分離後、月面から高度１００㎞の月周回観測軌道に投入された。

その後、２００９年10月24日、ＪＡＸＡは「かぐや」が撮影した画像の解析で、

「月の表側にある平地〝嵐の大洋〟の中央部にあるマリウス丘に、月面初となる地下溶岩トンネ

ルに通じる縦穴を発見した」

と発表している。

縦穴は〝嵐の大洋〟において火山活動が活発だったことがわかっている地点に存在する。直径約70m、深さ約90mの垂直な穴で、穴底部分は少なくとも横幅400mを超えるトンネルになっているという。

しかし、隠されている画像はある。

フリーエネルギー・モーター研究で知られる井出治《いでおさむ》氏が、JAXAで「かぐや」が撮った月の地表をパノラマにしたビデオ映像を見せてもらったところ、ところどころ1分、2分と映像が途切れるシーンがあったという。井出氏が「どうして全部見せないのか」と聞くと、JAXAの職員は「いろいろと都合の悪いものがあるんでしょうね」と答え、それ以上は何も話してくれなかったらしい。

月表面の人工の溝状の構造物

その月地表画像に一枚だけ、構造物が映っていることがわかった。写真の右下に人工の溝状の地形が確認できるということだ。

ロシアの諜報機関では、

「太陽系を〝彗星〟のふりをして通過しようとしている未確認の生命体の飛行物体がある。日本の月探査衛星〝かぐや〟が、

月の裏側から火星に向かって何回もミサイルのようなものが発射される写真を送ってきた」という驚くべき情報をリークしている。

事実、「かぐや」打ち上げのあと、日本の政治家によるＵＦＯ発言が続くようになった。

まず、町村信孝官房長官（当時）の２００７年12月18日午後の記者会見。未確認飛行物体（ＵＦＯ）について政府が存在を確認していないとの答弁書を作成したことについて、「政府答弁は政府答弁であり、私は個人的には、こういうものは絶対いると思っております」と語った。

その２日後の12月20日、石破茂《いしばしげる》防衛相も、

「（ＵＦＯが）存在しないと断定できる根拠がない。個人的に信じる、信じないの問題はあるのだろうが、そういうような未確認飛行物体、それを操る生命体が存在しないと断定しうる根拠はない。防衛省としてというよりも、私個人の話だが、存在しないと断定できない以上、いるかもしれない。少なくともいないと断定するだけの根拠を私は持っていない。そういうものはあり得るだろうということだと私は思う」

という発言をしている。

これらの発言の背景には、「かぐや」からの衝撃映像があるのかもしれない。

太陽周辺に巨大なＵＦＯ群が出現中

２００３年10月28日、過去30年で最大級といわれる太陽面の爆発が起きた。この爆発にＵＦＯが

関与しているのではないか、といわれている。

ＮＡＳＡ・ＥＳＡ（欧州宇宙機関）の太陽観測衛星「ＳＯＨＯ」のＬＡＳＣＯ－Ｃ2カメラの前に、この前日の27日22時30分、突如、明るい物体が出現した。その物体は太陽に向かって移動し、出現から13時間後、10月28日11時30分に大爆発を起こしている。

このときの物体のサイズは、地球でいえばロケット程度らしいが、移動速度を計算すると秒速３０００キロにもなるという。これを時速にすると、秒速（３０００）×分速（60）×時速（60）＝時速１０８０万キロとなる。

インターネットサイト、「大紀元日本」からの情報によると、これらの指摘に対して、ＮＡＳＡ立体投影科学者ジョー・ガーマン（Joe Gurman）博士は、「その映像はＮＡＳＡの器械の故障によって、数値が誤圧縮され、形成されたものだ」と説明したという。

しかし、量子物理学者のハラメイン氏は、２０１０年の写真とビデオについて、**「目に見える地球と同じ大きさの未確認飛行物体は、巨大な宇宙船、または、時空を飛び越えられる大型宇宙船だ。彼らは太陽をブラック・ホール、または、スター・ゲートとして利用し、われわれ太陽系を探索している」**と量子物理学の角度から分析した。スター・ゲートとはＳＦ映画・テレビドラマなどにしばしば登場する星間移動装置。星間移動はこの目に見えないゲートをくぐって行われるといわれる。

また、次のように強調した。

「太陽周辺に現れたＵＦＯは一つだけではなく、群れを成している編隊である」

２０１２年3月11日には、またしても太陽で不思議な物体が観測された。「ＵＦＯの給油」とも、「吸血ＵＦＯ」とも呼ばれた物体で、「インターネットでの閲覧回数の記録更新」とロシア国営ラジオ「ロシアの声」も報道している（２０１２年3月15日）。

インターネットで見られるこの映像では、太陽プラズマを補給しているかのような、丸い形をした真っ黒な球体がはっきりと映し出されている。**この物体の大きさはなんと地球の10倍、木星と同じくらいという巨大さで、チューブのようなものを伸ばして太陽の中に突っ込んでいる。**

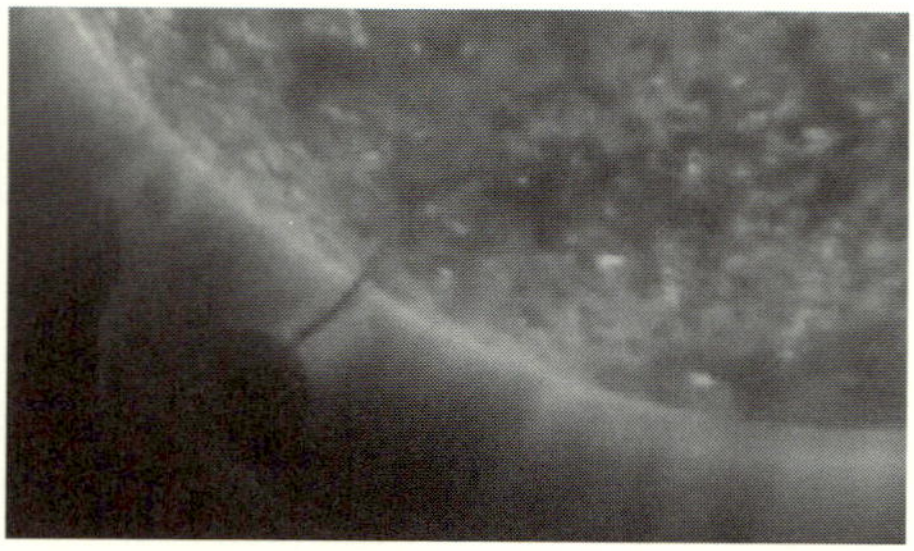

チューブのようなものを太陽に伸ばした「吸血ＵＦＯ」

それが給油を終えた車のようにチューブを引っ込め、去っていく様子が動画でとらえられているのだ。

学者らは、「太陽圏は、はっきりとした輪郭を持つ物体を形成することができる。見慣れないものは、それが人工的につくられたものであるかのように思うが、よく観察してみると、ＵＦＯと思われた物体は、地球の数倍の大きさを持つ巨大な磁気嵐だ」と説明した。また、ＮＡＳＡの言い訳は「通常のコロナ放出で温度差によって黒く見えるごくまれな現象」ということだった。

しかし、この物体が現れたあと、太陽にさらなる異変が起きた。コロナの中に、どういうわけか、二等辺三角形の巨大な暗黒空間が現れたのだ！

以後、再び黒っぽい丸い物体が２度現れて（計３回）、太陽を離れていった。

この物体はともかく、地球よりも大きいサイズのＵＦＯが太陽のまわりに現れる目的とはなんだろうか。これは、太陽に重大な「異変」が起きていることに関係していると思われるのだ。**ＵＦＯは太陽の異変をいつも監視し、いざというときには介入し、地球の危機を回避しようとしているのかもしれない。**かなり手前勝手な希望的観測にすぎないかもしれないが……。

実際、ＮＡＳＡが打ち上げた太陽観測衛星「ＳＯＤ（Solar Dynamics Observatory）」、ＥＳＡとＮＡＳＡによって開発された太陽探査機「ＳＯＨＯ（SOlar and Heliospheric Observatory）」からも、こうした巨大なＵＦＯ映像が刻々と送信されているのだ。

実は、このほかにも米国は秘密の軍事衛星を３機、太陽のまわりに打ち上げている。その大きさは、なんと２階建てのビルほどもあるという。

24時間、隕石の監視を民間のボランティアで行っているスペースガード協会にも同様の現象がキャッチされているのだ。

TOP SECRET

第2章
太陽系の異変が伝える地球の危機

太陽のポールシフトと連動して、太陽系に異常が起きている

太陽では約11年周期で、両極の磁場が反転する現象が見られる。

これまでは２０１３年5月に太陽活動が「極大期《きょくだいき》」となり、同時に北極がプラス極へ、南極はマイナス極へ反転すると予測されていた。ところが、２０１２年1月の「ひので」の観測で、北極では約1年も早く反転に向けて磁場がゼロとなったが、南極では反転の兆しが見られないことがわかった。

その結果、北極と南極がプラス極となり、赤道付近に別のマイナス極ができるような、太陽全体の磁場が「4重極構造」になっている可能性が指摘された。

太陽の激変については、ＮＡＳＡのサイエンス・ニュース（２０１３年8月5日）の情報をお伝えしよう。

太陽物理学者トッド・ホークセマ博士は、「太陽が完全な磁場の反転をするまで、もはや、3～4ヶ月もかからないように見えます。この変化は太陽系全体に影響を及ぼすと思われます」と言う。

ホークセマ博士は、スタンフォード大学のウィルコックス太陽観測所の責任者だ。

同観測所は、太陽の極磁場を監視する、世界でも数少ない観測施設。１９７６年から太陽の極磁場を追跡して以来、太陽表面で3度の磁場の逆転を観測している。

また、太陽物理学者フィル・シェラー博士はこう説明する。

「太陽の極磁場が弱くなり、磁場がゼロになったあと、反対の極から再び磁場が出現するのです。これは、太陽活動周期の正常な動きの一つです」

太陽の磁気の影響を受ける範囲を「太陽圏」とも呼ぶが、その範囲は冥王星をはるかに超え、太陽を中心とした数十億kmの範囲に広がっている。

太陽物理学者たちの会話には、しばしば「太陽圏電流シート(heliospheric current sheet)」という概念が登場する。これは、太陽が誘導磁場を回転させることで電流を生じさせると考えられている磁場で、太陽圏内で赤道面上に広がっている。

そこには1平方mあたり0・0000000001アンペアの電流が流れている。弱い電流ではあるが、これが1万kmの厚さで、数十億kmの広大な範囲に広がっている。太陽圏は、この巨大なシートを中心に構成されているのだ。

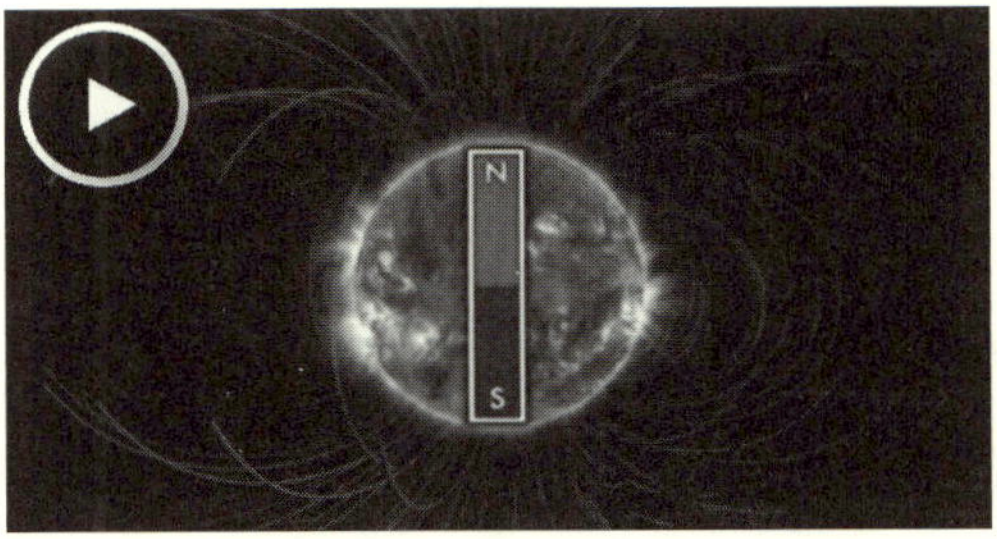

スタンフォード大学のウィルコックス太陽観測所では、1976年以来、太陽表面で3度の磁場逆転を観測しているという

磁場の反転時には、太陽圏電流シートは波状となり、私たちの地球もこの電流シートの中に浸される。

磁場の反転は宇宙線にも影響を与える。宇宙線は銀河での超新星爆発や、その他の激しい出来事によって、ほぼ光速に加速した高エネルギー粒子だ。

宇宙線は宇宙飛行士や宇宙探査の中で危険な存在であり、一部の研究者は、「宇宙線が地球の雲の生成や地球の気候にまで影響を与える可能性がある」と言う。

太陽圏電流シートは、宇宙線が太陽系の内側に侵入しようとした際に、宇宙線の方向を曲げ、宇宙線に対するバリアとして機能する。電流シートは、深宇宙からやってくるこれらの高エネルギー粒子に対しての楯《たて》として機能しているわけだ。

前述のシェラー博士によれば、いずれ太陽の北極の反転に南極が追いつき、すぐに両方の極が反転を始めるらしい。**NASAが予想した太陽のポールシフトが完了する時期は、2012年秋から2013年初頭だったが、起きなかったので2014年に持ち越されている。**

いずれにしても、太陽の磁場が反転に向かいつつある中で、磁場と電子の影響を大きく受け、太陽系全体に異常現象が起きているのだ。

激変しつつある太陽系の惑星

太陽から超音速で放出された太陽プラズマは、太陽系の外へ広がっていく。やがて、宇宙空間を満たす星間物質や恒星間風が、太陽風を押し戻そうとする力とぶつかる。

すると、星間物質を押し返そうとする太陽風の力が衝突する場所ができる。これが「末端衝撃波面《はめん》」だ。

これは1977年9月5日にNASAが打ち上げたアメリカの宇宙探査機で、外惑星探査機の一つであるボイジャーが発見したものだ。

いま、太陽系は爆発した恒星の残骸、宇宙ゴミの中を通過しつつある。

太陽系がこのような中を通ると、前方に「末端衝撃波面」が生じるわけだが、その境界面で発生したプラズマが、それまでの10倍のエネルギーとなって、太陽系内に影響をもたらしている。

しかも、太陽系内は向こう3000年間、この衝撃波内に入ったままだという。

2002年、ロシアの科学者アレクセィ・デミトロフ博士が出した報告書に、近年の情報を追加して、太陽系の惑星に関する異変を挙げてみよう。

○冥王星

温暖化により、この14年間で大気圧が3倍になった。ポールシフトにより、N極とS極が反対になってしまい、太陽系から遠ざかりつつある。

○海王星

新しい黒斑《こくはん》が出現し、明るさが増大。ポールシフトで磁場に大変化が見られる。

海王星の第1衛星で海王星最大の衛星トリトン（Triton Neptune I）は、太陽系全体でも7番目の大きさだが、このトリトンの温度も5％上昇している。

○天王星

明るさが増している。

○土星
温度上昇、明るさが増した。土星の第6衛星であるタイタン（Saturn VI Titan）では、大気層が１９８０年より10～15％厚くなった。
○木星
大赤斑が小さくなりつつあると同時に、新しい赤斑ができた。１９６０年に比べて磁場が2倍になった。

木星の磁場から発生したプラズマが、木星の第1衛星であるイオ（Jupiter I Io）とチューブのようにつながった。これまでになかった氷冠が見られる。イオは地球以外で最初に活火山が観測された天体だが、この巨大火山が噴火した。
○火星
温度上昇に伴って、１９９９年～２０００年の2年間だけで極の氷冠が溶け始め、50％が消滅。その結果、なんと大気濃度が１９９２年の2倍になった。今後20年間で20倍になると予想される。

磁場が強くなり、硫化ガスが観測された。
○金星
磁場が変化している。明るさと温度が高くなっている。
○月
１９８８年以降、いままでに観測されなかったナトリウムとカリウムのイオンガス発生が観測された。

○地球

２０００年前には40ガウスあった磁場が、２００２年には約０・４ガウス、つまり１００分の１にまで減少。磁気減少は年々続いている。

自転速度が速くなっている。北半球の地磁気極が、この１５０年でカナダからシベリア方向に１１００㎞も移動。

ヴァン・アレン帯で、これまでになかったガスの帯が発見された。

１９７５年以来、火山活動は約5倍に増加。１９７５年から１９９８年にかけて地震が4倍に増加した。

そのうえ、１９６３年から１９９３年にかけて自然災害が4・3倍も増加している。

「ヴァン・アレン帯」は、１９５８年に米国が打ち上げた人工衛星エクスプローラー1号の観測結果から発見された。地球を３６０度、ドーナツ状に取り巻いていて、内帯と外帯との二層構造になっている。

ＮＡＳＡによれば、内帯は赤道上高度２０００～５０００㎞に位置していて陽子が多く、外帯は１万～2万㎞に位置していて、電子が多いとされている。

ところが、発見者であり、名前の由来伴っているアメリカの物理学者、ジェームズ・ヴァン・アレンによれば、本当は「内外合わせたヴァン・アレン帯全域は、10万㎞くらいある」らしい。

ここで宇宙からの放射線を吸収してくれるから、地上のわれわれはUVカットをするくらいで生活していけるわけだ。もし、ヴァン・アレン帯がなければ、太陽からの紫外線だけで人は死んでしまうだろう。

太陽活動の変化が、このヴァン・アレン帯に影響を与える可能性は高い。影響どころか、破壊となれば、地上の生命はすべて生きていけない。

このような状況を分析したロシアの天体観測研究所のアブサマトフ研究員は、ロシア通信社記者のインタビューにこう答えている。


「今後、太陽の活動停滞が起こり、世界中の気温が次第に低下を始め、地球はミニ氷河期に突入する可能性が高い」

地球が100個も入る巨大なプロミネンス（太陽竜巻）が発生

2012年3月、NASAの太陽観測衛星SDOが撮影した画像を分析すると、これまで観測された中でも最大級となる、地球が100個入るほど巨大な〝太陽竜巻（プロミネンス）〟の姿がとらえられていた。

太陽竜巻は地球のものとは発生メカニズムがまったく異なる。地球の竜巻は、大規模な雷雨が引き起こす激しいウインドシア（2点間で風速と風向に大きな差が生じる現象）によって、温かく湿った空気の上昇気流が渦を巻き始めることから発生する。

巨大な太陽竜巻は、大量に噴射されたプラズマ（超高温の荷電ガス）が、両端が太陽表面につながるらせん状の磁気構造の一方の端に衝突して発生する。

今回観測された太陽竜巻ではプラズマの爆発現象は起こらなかったが、他のタイプのプロミネンスはしばしば激しく爆発し、荷電粒子の巨大な雲を宇宙空間に放出するのが観測されている。

ちなみに、これが起きたあとに前述の「吸血ＵＦＯ」が現れているのが興味深い。そのあと、太陽のコロナの中に、二等辺三角形の巨大な暗黒空間が現れ、再びＵＦＯが二度現れて（計３回）、太陽を離れていったのだ。

太陽の異変については、ＮＡＳＡもペンタゴンも非常に憂慮していて、次のような最悪の事態を想定している。

① 電力設備が破壊されて送電ができなくなり、電気が止まり、ライフラインに影響が出る。
② 微弱な電流で動くコンピュータチップは、強力な電磁波で故障する。となると、車も飛行機も電車も走れず、食料がたちまち不足する。食糧自給率が低い日本では、特に都市部でパニックに陥るだろう。
③ 人工衛星、航空管制、通信網すべてがシャットダウンする。
④ 以上の状況から、地球上のあちこちで暴動、テロ、戦争が起きる。

これらの根拠を踏まえて、ペンタゴン（米国防総省）は、

「地球上で10億人以上の人間が死ぬような事態になるかもしれない」

という恐ろしい予測を発表している。

赤い巨星「ベテルギウス」が超新星爆発を起こすと地球や生命体に有害な宇宙線が降り注ぐ

太陽が単体で変化を起こすとは考えにくい。太陽の急激な変化に影響を与えている原因の一つに、「ベテルギウス」の存在が考えられている。

ＪＡＸＡによると、ベテルギウスは冬を代表する「オリオン座」の1等星で、赤い色をしている。オリオンの右腕の付け根（脇あるいは肩の位置）で輝いていて、約6年の周期で明るさが変わる変光星だ。赤色超巨星というタイプの年老いた星で、現在、大変大きく膨らんでおり、直径が太陽の１０００倍近くにも達している。

質量は太陽の20倍、地球からの距離は６４０光年。もし、太陽の位置にベテルギウスがあるとすると、火星の軌道を大きく超えて木星の軌道あたりまで広がることになる。

超新星爆発を起こす星の最有力候補の一つで、天文学的な時間スケールでいえば、近い将来にも爆発が起こると考えられている。

このベテルギウスが超新星爆発をすると、どうなるか。ガンマ線によりオゾン層が傷つき、穴が

空いたり、消滅したりして、地球や生命体へ有害な宇宙線が大量に降り注ぐといわれる。

しかし、ＮＡＳＡのハッブル宇宙望遠鏡でベテルギウスの自転が観測された結果、ベテルギウスの自転軸は幸運にも地球から20度ずれているため、「ガンマ線バーストが直撃する心配はない」とされた。ただし、実際の超新星爆発で自転軸の変化が起きれば、地球直撃の可能性も出てくる。

太陽が46億年間放出した１０００倍のエネルギーを放射するベテルギウスだ。この超新星爆発が起きる前に、ベテルギウスが何らかのエネルギーを発しているのかもしれない。そして、それが太陽や太陽系全体に重大な影響を与えているということも考えられるのだ。

ちなみに、超新星が爆発する30時間前にはニュートリノが放出される。これを世界で最初に発見できるのが、日本でも有名なあの「スーパーカミオカンデ」だ。

では、現在の「ベテルギウス」はどのような状態なのか。

ＮＡＳＡは２０１１年に、「ベテルギウスが超新星爆発へ向かうと見られる兆候が観測された」と発表したが、最近になり、北海道北見工大の三浦則明教授らが、「なゆた望遠鏡」で観測したところ、ここ16年間で2～3倍に膨張していて、球形が保てなくなってきている、と公表している。

では、もし、ベテルギウスが爆発するといったいどうなるのか。

爆発により温度が急上昇するために、地球から見た色は赤から青に変化する。明るさは満月のおよそ１００倍で、もしかしたら空に太陽が二つあるように見えるかもしれない。

そして、その状態は約６週間から３ヶ月間続くと予想され、地球の一部の地域には「白夜」が訪れるだろうといわれている。実際に１０５４年に超新星爆発の天体ショーが目撃されている。

一方で、「数ヶ月以内に爆発という情報にはなんの根拠もなく、疑わしい」と主張する専門家もいるらしい。

ともあれ、ベテルギウスは地球から６４０光年離れている。ということは、いま、われわれが見ているベテルギウスは６４０年前の光を発しているのだから、もう爆発していて、消滅している可能性もあるのだ。

問題は、いまの太陽異変とそれを観測に来ているＵＦＯとの関連だ。太陽の異変の原因が、ベテルギウス大爆発の前兆としてのエネルギーの到達だとすると、今後、ベテルギウスからの本格的な影響が、太陽にとんでもなく恐ろしい変貌を強いることになるかもしれない。

その影響は当然、地球にも及ぶだろう。

国家機密となった、惑星Ｘ（ニビル）の接近

惑星Ｘへの関心の始まりは、19世紀から20世紀の中頃にかけて、太陽系の第7番惑星である天王星と第８番惑星である海王星の軌道が揺らぎ始めたことからだった。このような軌道の揺らぎそのものを「摂動《せつどう》」と呼ぶ。

惑星に摂動が観測される場合、その外側の軌道に未知の天体があると予想される。

１９３０年、ローウェル天文台のクライド・トンボーが発見したのが冥王星だ。しかし、冥王星

は地球の月よりも大きさも質量も小さい。

「この質量では、天王星や海王星の軌道に影響を与えられないのではないか」

という疑問が何人かの天文学者から出された。

その後、１９７８年６月、米国の海軍天文台のジェームス・クリスティーらの計算によって、

「天王星や海王星に起こった摂動は、冥王星によるものではない」

という見解が発表された。とすれば、天王星や海王星の揺らぎの原因となる、惑星Xが存在する可能性が出てくる。


１９８１年、海軍天文台のロバート・ハリントン博士とトマス・ヴァン・フランダン博士は、パイオニア10・11号の観測とバイキング計画の探査結果から、コンピュータでシミュレーションを行った。そして、「木星の軌道にムラが生ずるのは、惑星Xの影響によるものだ」と発表。

１９８２年には、ＮＡＳＡもこの事実を公式に認め、**「冥王星の外側には、未知の天体Xが存在する」と発表した。**

１９８３年1月の探査には「ＩＲＡＳ（Infrared Astronomical Satellite）」が使われた。アメリカのＮＡＳＡ、オランダのＮＩＶＲ、イギリスのＳＥＲＣが共同で計画した赤外線天文衛星である。

その結果、**「オリオン座の方向に謎の天体を発見した」**と報道された。その天体は木星とほぼ同じ大きさで、距離は地球から８００億キロときわめて近く、地球に向かって進んでいるようだという。

計画の指揮をとっていたJPL（ジェット推進研究所）のジェームズ・ハウック博士も「この天体は彗星ではない」と述べている。

同時期、フランスも惑星Xの探査に本格的に乗り出しているが、なぜか、あるときから探査結果を一切公表しなくなった。

1988年になると、米海軍天文台のロバート・ハリントン博士らが、惑星Xのデータを公表した。大きさは地球の4～5倍、質量は20～25倍、密度は100倍。

ケンタウルス座とウミヘビ座の間に位置しており、内部に熱をくすぶらせた「褐色矮星《かっしょくわいせい》」ではないか、という仮説を発表した。矮星というのは恒星、またはそれに準じる天体で、ごく小さいサイズのものである。

1997年、そのロバート・ハリントン博士が、謎の死を遂げた。惑星Xと思われる天体の写真撮影のため、ニュージーランドに向かう直前になって、「ガンで亡くなった」と発表された。

しかし、「死の背景には不可解なものがある」と、かつてNASAのコンサルタントもしていたコーネル大学元教授、ジェームス・M・C・マッカニィ博士が疑問を投げかけた。そして、

「惑星Xに関する情報を外部発信しようとする人物、あるいはグループが片っ端から殺害されている。多くの天文研究者が、電話盗聴やコンピュータのハッキングを経験している」

という恐ろしい事実を告発したのだ！

その一方で、マッカニィ博士は「惑星Xは近いうちに地球に大接近する。木星に近づくまで、予

測不能である」という分析結果も公表している。

１９９９年7月1日、フランス。マッカニィ博士による、天文研究者暗殺の告発を裏づけるような事件が続いた。**世界的に知られる天文台スタッフが乗ったケーブルカーのワイヤーが何者かによって切断され、乗っていた21名が全員死亡する、というショッキングな事件が起きたのだ。**

フランスは南半球のチリにあるラスカンパナス天文台に口径8・2ｍの巨大望遠鏡を建設し、惑星X探査チームを組織。動向を追跡していたようである。

その後、１９９９年10月、

「太陽から4兆キロの距離に未知の天体が存在する」

と米ルイジアナ大学のジョン・マティス教授らのチームが公表した。

マティス教授は、惑星Xの位置を太陽から2万５０００天文単位（約3兆７５００億キロ）、サイズは木星の3倍程度で、公転周期は約５００万年と試算している。

太陽系の惑星が、オリオン座方向へ引っ張られている

２０１１年2月、米国ルイジアナ大学の研究チームが、太陽系の新たな惑星の存在を示した。

大きさは木星の質量の約4倍近い超巨大惑星であり、複数の衛星の存在も考えられるという。褐色矮星、あるいは水素とヘリウムからなる巨大なガス惑星と推測される。太陽系では最大級の惑星であり、太陽を周回する軌道は長い楕円形を描いている。

研究チームはこの天体を「テュケー」と名づけた。**木星の質量の約4倍、長楕円軌道、複数の衛星の存在といえば、テュケーは惑星Xの情報と一致している。**

２０１２年5月、ＮＡＳＡの広域赤外線探査衛星「ＷＩＳＥ（ワイズ）」が撮影したという、巨大天体の画像の情報がリークされた。そこには赤く、不気味に輝く未知の天体が映っていて、しかも、衛星らしきものを伴っていた。

ＮＡＳＡは公には惑星Xの存在を認めながら、危険性を否定する。極秘の監視体制を敷いて惑星Xの情報は出さないが、微妙な発表もしている。

２０１２年9月29日の「ＮＥＯＷＩＳＥ（ネオワイズ＝太陽系小天体調査）チーム」が行った会見でも、主席調査官、エイミー・マインザーが「惑星Xが地球を襲うことはない。しかし、太陽系の外側部分に１００個の地球近傍天体を発見した。どれも褐色矮星であり、比較的地球に近い位置にある」というように惑星Xの存在をにおわせている。

惑星Xが恐れられるのは、伴星《ばんせい》ネメシスと関係があるからだ。

ネメシスは赤色矮星、または褐色矮星だ。太陽系の外惑星のさらに外側には「オールトの雲（何十億個もの彗星の巣）」がある。それより遠い、太陽から5万から10万天文単位の軌道を回っていると仮定されている。

ネメシスが地球に向かって戻ってくる途中、約２６００万年ごとにオールトの雲を突き抜けてくるのだが、そのとき、自らの重力によって彗星軌道のいくつかをランダムに変えてしまうのだ。それによって、太陽系内部に突入する彗星の数が劇的に増加、いくつかは地球に向かってくると考えられている。

このネメシスと惑星Xがどのような関係にあるかを図解で見てみよう。

図にはパイオニア10・11号の目的に関する説明とともに、ネメシスと惑星X（第10番惑星）の記述がある。驚くべきことに、これが作成されたのは1987年だ。つまり、これ以前からNASAはネメシスと惑星Xをとらえていたことになる！

この図から判断すると、惑星Xは太陽とネメシスの間を通過する軌道をとっている。とすると、どうなるのか。

発見される全惑星のうち、25％が惑星Xの磁場や重力場によって軌道を乱されるという。惑星Xによって、太陽系の惑星も同じように、太陽とネメシスが位置するオリオン座方向へ引っ張られる状態になっている。

これが、地球における地殻変動を引き起こしているのではないだろうか！

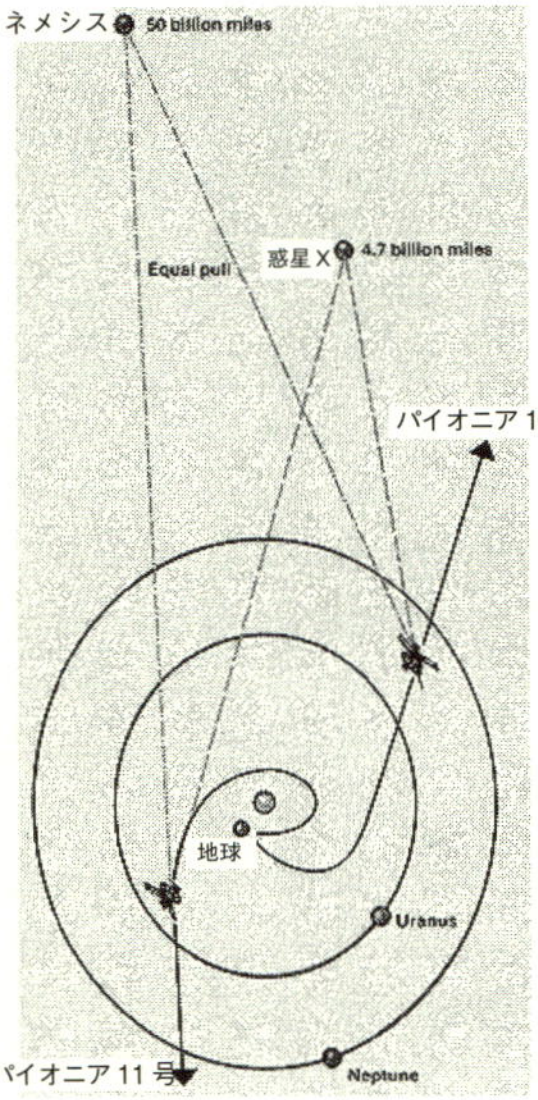

ネメシスと惑星Xの関係を表した図

各国政府も大激変に備え始めた

実は、世界各国で秘密裏に、来たるべき地球大激変への対処法が着々と準備されている。事前に知れると大パニックが起こり、収拾不能となることを恐れているのだ。

２００２年、NASAは小惑星エロスに探査機を着陸させた。その目的は惑星Xの監視だという。ロシアも秘密衛星「ノーロック」が、宇宙で監視体制を敷いている。

過去の神話や伝説には惑星Xの存在が記されており、天変地異に見舞われた記述や描写が随所に見られる。

古代ヘブライ人は「羽の生えた星」「翼のある球」、ギリシア人は「テュポン」「ネメシス」、古代中国では「大黒の星」「赤龍」、古代フェニキアでは「大いなる不死鳥」、マヤ民族は「ククルカーン」、ラテン民族は「ルシフェル」、ロシア民族は「偉大なる星」と形容した。

また、新約聖書には「にがよもぎ」という名で、天変地異をもたらした惑星Xが描かれている。すでに、惑星Xがもたらす大激変に備え、各国政府は確実に対策を練っている。予想された危機に備えた動きはすでに発表されているのだ。

たとえば２００２年３月１日の読売新聞の報道では、ブッシュが政府専用の巨大シェルター、地下トンネル、地下都市をつくると発表した、と報じている。

「マウントウェザー計画」と呼ばれるもので、ワシントンDCへの核攻撃の際の準備という名目だ。現在、米国東部に２ヶ所あり、主要官庁の高官とスタッフ25～１５０人が、24時間体制で勤務している。そこには大量の金塊《きんかい》と現金、国家機密文書はもちろん、貴重な美術品まであるといわれている。

さらに、衛星テレビやラジオ放送施設まで整っているという。

元陸軍軍人ジョン・ムーア氏の調査でも、米国の政府機関が内陸移転を進めている事実が明らかになった。彼が極秘に入手したという軍の機密情報には、**ニビル接近により、近い将来、ニューヨークやロサンゼルスなど、アメリカの主要都市が水没してしまう可能性があるという。**

そこで、ノースカロライナの海岸部の軍の施設では、大きな機材はケンタッキーなどの内陸部の基地に運び出し、バージニアのノーフォークの軍港では、大型艦が沖に移転しているようだ。

内陸地では水没後の電気対策として、極秘に天然ガスの発電施設を急ピッチで建設していたという。

一方で、1981年から続いていたスペースシャトル計画が2011年半ばで突然、終了した。

さらに、ノルウェーのスヴァールバル諸島スピッツベルゲン島に設置されたスヴァールバル世界種子貯蔵庫が2011年に閉鎖された。

この施設の目的は気候変動、自然災害、植物病蔓延、戦争などの脅威から多様な作物を守り、その生き残りを確保することで、100ヶ国以上の世界の国々が支援している。種子は全部そろえ、準備は整ったということか。

一方、中国、ロシアでも大都市から離れた地下にトンネル網と地下都市が存在していることが、次々に暴露された。

モスクワだけでも5000ヶ所におよぶ緊急シェルターを増設しているといわれている。

しかし、われわれのためにではない。**映画『２０１２』で描かれていたように、おそらくこれは世界の支配層・要人だけが生き残るための施設なのだ。**

小惑星が地球に激突する危険はいつもある

巨大惑星ばかりが話題になるが、小惑星衝突の危険は身近にある。昨年2月のロシアに落下した隕石も、破壊されていなければ大惨事につながっていた。

２０１３年2月16日に接近、通過した小惑星「２０１２ＤＡ14」に関しても、地球衝突の危険がささやかれていた。

自然科学研究機構・国立天文台によれば、２０１２ＤＡ14は近地球型小惑星の一つ。２０１２年2月23日、スペインのラ・サグラ天文台で発見された。

小惑星の直径は45ｍ、質量は13万トンと推定され、地球と似た軌道で太陽を回っている。地球へ最も近づいたのは、２０１３年2月16日午前4時24分頃（日本時間）で、スマトラ島近傍の西インド洋上空、約２７・７００㎞になる。

国立天文台の説明では、「２０１２ＤＡ14の軌道は精度よく求められており、軌道の誤差を考えても、地表から２７・６５０㎞より地球に近くなることはない」となっているが、この距離は地球と月の距離（３８４・４００㎞）よりもはるかに短いのだ。

米国エモリー大学のコートニー・ブラウン博士が、「リモートビューイング（遠隔透視）」の能力を使って２０１３年の地球の様子を透視している。

その結果、世界の９ヶ所で火山の大噴火や都市水没などの光景が見られたそうだが、これらが同時多発的に起こるとすれば、その原因は巨大隕石の直撃以外に考えられず、激突の心配が危惧された。だが、運よくひとまずは、事なきを得た。

しかし、２０１２ＤＡ14以外にも、地球に接近する小惑星はいくつもある。

太陽系に向かってくるアイソン彗星が突然発見されたことは記憶に新しい。直径20㎞、６本の光の尾を持つ超巨大小惑星だ。

２０１２年９月、発見されたアイソン彗星は、近日点通過時（太陽に最接近するとき）で太陽の中心からの距離が０・０１２４７天文単位（約１９０万㎞）。太陽に近づくにつれて明るくなり、近日点通過後、太陽から遠ざかる際には淡くなった。

太陽観測衛星の画像では、太陽から遠ざかっていくときの形状がＶ字型になっている。これは、核が崩壊されて、放出された塵が並んだ破片群であると説明されている。

ところが、近日点に近づくにつれて明るくなった原因について、ＮＡＳＡの観測チームは、「理由はまったくわからない」と述べており、謎のままだ。

太陽フレアのそばを通過するアイソン彗星の映像は、「衛星の不具合」と称して、まったく公開されていないが、何か不都合なものでも映っていたのだろうか。

信憑性については不明だが、ネットでは一部のアマチュア天文家たちがこんな情報を発信している。

「計算上、アイソンは惑星と言えるほど巨大である。内部に30個ほどの物体を包含《ほうがん》し、それら一つひとつは木星よりも巨大なサイズだった。そして、月（衛星）を伴っていた」

動画ではアイソン彗星と見られる「惑星」に伴っている衛星、惑星を出入りする葉巻型UFOのようなものが確認できる。

ちなみに、アイソン彗星は11月17日から19日にかけて、水星のすぐ近くを通過した。

このとき、「エンケ彗星」というほかの彗星が、水星に同時に接近する珍しい現象が起きた。水星は太陽系の惑星とまったく違う組成を持ち、その起源も違う。いまだに謎の惑星といわれているのだ。

アイソン彗星は惑星と言えるほど巨大である（提供・ESO）

2012年9月19日、米ワシントン・カーネギー研究所の研究者が学会誌に論文を発表した。

「水星の表面には大量のマグネシウムと硫黄が存在し、地球や火星など他の惑星とは大きく成り立ちが異なるとみられることが、NASAの無人探査機メッセンジャーから送られてきたデータの解析で判明した」

第3章

ソ連時代から宇宙人と交信していたロシア

TOP SECRET

ロシアの隕石落下とＵＦＯ

２０１３年２月15日、現地時間で午前９時20分、ロシア中部ウラル地方チェリャビンスク州周辺に隕石が落下した。隕石は上空で爆発し、ガラス１㎡に５トンという衝撃波が起き、この被害による負傷者は約１２００人にものぼったという。

大きな破片は、少なくとも３つに割れている。

その後、チェリャビンスクから約70キロ西のチェバルクリ湖の底で、隕石の一番大きな破片が見つかり、引き上げられた。計量器の故障で正確な重量を測れなかったそうだが、およそ５７０キロだったという。

この爆発した隕石を車載ドライビングレコーダーがとらえたとされる動画には、ＵＦＯが隕石を突き破っているかのような映像が映っており、日本でも話題騒然となった。

動画をよく見ると、後方から追尾してきた白い発光体が、追い抜きざま衝突して隕石を破壊していく様子が映っている。

ＵＦＯ説以外では、ロシアの秘密兵器が撃ち落としたという説もある。

あとから破壊される前の隕石を分析したところ、推定される大きさは発表した機関によって異なり、直径は数ｍから15ｍ、ロシア科学アカデミーの解析では隕石の質量は10トン、落下速度は秒速15㎞（時速５万４０００㎞・マッハ44）以上と見られている。

大気圏突入角度が20度と浅いため、大気圏を長く飛んでも燃え尽きなかったのだ。

これがもし、地表に落ちていたら、チェリャビンスク市の半径100kmが、なんと広島型原爆の30倍に相当するエネルギーに見舞われていたのだ！

一瞬で10～30℃の温度上昇が起こる、大被害が予想されたのだ。

実はこのチェリャビンスクにはその昔、「チェリャビンスク65」と暗号名で呼ばれていた秘密都市がある。核兵器の開発・製造が行われていた軍事都市だ。

もし、隕石が破壊されなかったら、広島型原爆の30倍に相当するエネルギーがそこへ落ちていた！

地球全体が破滅するほどの大災害をもたらしていたのだ。

そう考えると、UFOが守ってくれたとも、解釈したくなる。

前述した太陽のまわりに現れたUFOも、このような目的を持っているのではないだろうか。

地球を脅かす脅威としての宇宙人、UFOもあるが、同時に、地球を守ろうとしている勢力としての宇宙人、UFOも存在しているらしいのだ。

隕石破壊に秘められた宇宙人のメッセージ

ロシアの隕石落下に関しては、時間経過とともに極秘情報がリークされ始めた。

その1週間前の2月9日には、モスクワの東に位置するマグニトゴルスク市の女性から、

「毎夜、UFOが飛び回り、毎日のように鳩が謎の死を遂げている」

と当局に通報があった。

翌日になると、ほかの都市からもＵＦＯ目撃や流れ星落下の情報が伝えられ、チェリャビンスク北西のエリアでは、謎の紫色の爆発が起きていた。

ロシアにおける隕石落下の1週間前から、ヨーロッパ、アラブ諸国、アジア諸国、日本にも同様に隕石の落下現象が起きていた。そんな中で、チェリャビンスクに隕石が落下したのだ。

ロシア各地から寄せられたＵＦＯの映像を分析・検討しているコスモ・ポイスク研究室のチェルノブノフ教授は、ある謎に首をかしげた。

「隕石の故郷はペガサス座だ。データから見ると、地球に衝突するような位置には存在していなかったはず。世界には小惑星や隕石に対する警戒システムがあり、万全の監視体制がとられている。今回のような直径17ｍ程度の隕石でも、ミサイル迎撃は可能だったはずだ。なぜそうしなかったのだろう」

また、隕石は「破壊」されたあと、二つの破片に割れた。そのまま、きれいに並んで飛んでいったが、これも航空力学の理論に反する。

そこで、教授たちが二つに割れた隕石の映像を分析すると、それぞれに「尾翼」らしきものが見られたという。

さらに、破壊された二つの破片はなんと、破壊された半球から真球《しんきゅう》、あるいは楕円に形状を変え、さらに尾翼までつくり出していたという、信じがたいことがわかったのだ！　これはいったいどういうことなのだろう。

スズメ一匹も逃さないほどの能力を持つロシアのレーダーをはじめ、ヨーロッパや米国の最新鋭レーダーもまったく機能しなかった。われわれが隕石落下を知ったのは、大気圏突入後なのだ。

つまり、隕石はステルス機能のような、レーダー網をくぐりぬける特殊な装備を持っていたことになる。チェルノブノフ教授が、これらをまとめて考えた結論はこうだ。

宇宙のどこかで知的生命体がこの隕石をつくり、地球に衝突させようとした。それを別の知的生命体が察知して、地球を守るべくUFOで破壊したのではないか。

しかし、UFOは隕石を宇宙空間で破壊することもできたはず、という疑問に、教授はこう答えている。

「隕石が多くの人の前で破壊されたことに意味があるのではないか。そこにUFOからのメッセージが秘められている」

あえて地球人に見せることで、彼らは知的生命体の恐ろしさを地球人に教えたのだろうか。それとも、緊急時にはいつでも地球を救う意思があることを伝えたかったのだろうか。

ロシア共和国カルムイキアの大統領が「UFOに乗せられた」と告白

「宇宙に関する情報はすべて公表すべきであり、地球人の一部の人だけで独占してはいけない」というのが、プーチン大統領の考えだ。そのため、ロシアではすでに情報開示が始まっているが、日本のメディアには流れず、われわれはインターネットでその一部を目にできる程度だ。

そのうちのいくつかを紹介してみよう。

2002年10月5日には、ロシアの政府機関紙『プラウダ』の公式サイトが、ロシア語、英語、ポルトガル語で報道、月面都市の写真を公表した。同紙は火星のスフィンクスとピラミッドも公表している。

また、2010年5月にはテレビ局のインタビューで、ロシア共和国カルムイキアの大統領（当

ロシア共和国カルムイキアのキルサン・イリュムジノフ元大統領（ロシア連邦のサイトより）

時）であり、国際チェス連盟理事長でもあったキルサン・イリュムジノフ氏の衝撃的な告白が報道された。

1997年のある日、彼が自宅のペントハウスのベランダにいたところ、半透明の葉巻型UFOが着地。中から黄色い宇宙服の人間型宇宙人が現れたという。

その宇宙人はUFO内にイリュムジノフ氏を案内したあとで、

「自分たちの存在を地球人に知ってほしい」

と言い、彼はそのまま連れ去られ、UFOに乗って旅をしたのだという。

これは当日、閣僚、側近、運転手の3人がペントハウスに同席しているときに起きた事件であり、彼らの目撃証言もとれている。しかも、イリュムジノフ氏は2001年にも同じようにUFOに乗

せられたという。

この話には後日談がある。

その後、連邦議員であるアンドレ・レベデフ氏がロシアのメドベージェフ大統領（当時）宛てに、「イリュムジノフ氏は国家機密を漏洩したことになるのではないか？」という懸念を示す書簡を送り、氏に対する調査を要請した。つまり、ロシアでも表向きはＵＦＯと宇宙人情報は国家機密なのだ。

本章の冒頭で「２０１３年12月15日、オバマ大統領側近が、ＵＦＯ秘密情報の公開を提案した」という、ロシア発の報道を紹介したが、**なぜロシアはこれほどまでに、地球外生命体に関する事実の公表や情報のリークを急ぐのか。その理由は、ロシアという国の抱える、特殊な事情がある。**

ロシア国内では異星人による脅威が、過去も現在もまだ多く続いているのだ。自分たちだけでは手に負えない、という現実もあると思われる。

ロシアはソ連時代から宇宙人と交信していた

脅威を与え続ける異星人が存在する一方で、友好的な異星人もいる。そんな相手と「ソ連時代から交信している」というリーク情報も出てきた。

ロシアで政府高官の職からすでに離れている専門家なら、若干自由に情報を発信できるのだろう。

毎日新聞の折り込み新聞「ロシアＮＯＷ」２０１３年4月12日の「ソ連はＵＦＯと交信していた」

という記事を発信した。

ソ連時代に軍高官を務めていた複数の人物は、最近、ＵＦＯに関する秘密を明かす決心をした。２０１３年３月末に開催された「ジゲリ学会」でそれは起こったという。

ジゲリとは、ソ連の天文学者で数学者、ロシアのＵＦＯ研究を立ち上げたことで知られる、フェリクス・ジゲリ氏のことだ。

超常現象を研究するこの会議は、モスクワで年２回開催され、すでに20年以上も続いている。

ロシア連邦保安庁（ＦＳＢ）予備役少将で、科学アカデミー会員のヴァシリー・エレメンコ氏によると、ロシア高官のＵＦＯに対する考え方が変わったのは、１９７８年のことだという。

フィンランドと国境を接するカレリア共和国の首都ペトロザヴォーツクで、数百人、あるいは数千人の住民が数時間の内に、上空に奇妙な光る物体を目撃した。また、不思議なことに、住民のマンションの窓ガラスに、レーザーでスッポリと切ったような卵型の穴が開いていたのがいくつも発見された。

驚いた住民らは市政府に手紙を書いたり、電話をかけたりした。

また、隣国からも、「ソ連が何かおかしな演習をやっているのではないか」と、政府に問い合わせがあった。

これを見かねたのが、ソ連原発の父で、アカデミー会員のアナトリー・アレクサンドル氏。「この問題を無視し続けることは間違いであり、特別な超常現象研究プログラムを立ち上げるべきだ」という趣旨の書簡を政府に送った。

エレメンコ氏は、当時、ソ連国家保安委員会（ＫＧＢ）で、空軍と航空機製造を管理していた。やがて、エレメンコ氏の下部組織に、ＵＦＯ現象に関する情報をすべて収集するよう、命令が下された。

同氏によれば、このときまでに、超常現象らしき報告はたくさん溜まっていたらしい。

「ＵＦＯを発見した際には、自発的な行動で相手を刺激してはならない」と、ロケット軍には指示が出された。

その後、１９８０年代初め、アストラハン州の軍区でＵＦＯを呼ぶ実験が行われるようになった。専門家は兵器や軍事技術の実験のような、「特に緊張している場所」で超常現象が多く起こっていることを突き止めた。

この実験を通して、ソ連軍はＵＦＯを呼ぶノウハウを習得した。

「軍用機の飛行回数や軍事技術の移動を急激に増やした。すると、ほぼ１００％の確率でＵＦＯが現れた」とエレメンコ氏は言う。飛行物体は主に、光る球体だったという。

そのほかにも、ソ連時代に軍が宇宙人と接触して、ＵＦＯにも搭乗したという情報もある。

旧ソ連国防省の元上級職員で、自然科学アカデミーの博士研究員が、１９８０年代後半、**「国防省参謀本部が人間の脳を宇宙人と交信できるように調整する方法を開発して、実際に６人が宇宙人**

と物理的な接触をしたあと、うち2人が宇宙船に搭乗した」という。

宇宙人からは、彼らの政治機構、教育システム、病気の診断と処置について情報を得られたが、軍事に関してはまったく得られなかったようだ。

旧ソ連崩壊後の1993年に、このプロジェクトチームは一旦解散した。しかし、記録はまだ国防省に一部存在しており、4年前にはこの実験が再開され、現在も防衛産業において続けられているという。

第4章

さまざまなプロジェクトで明らかになるUFO・宇宙人情報

TOP SECRET

UFOディスクロージャー・プロジェクトで軍・政府関係者らが衝撃情報を暴露した

２００1年5月9日、ワシントンＤＣにあるナショナル・プレス・クラブで、20名を超える軍・企業・政府関係者らによる記者会見が行われた。全米規模の会見に、１００名を超える報道陣が集まった。これまで機密にされていたＵＦＯ（未確認飛行物体）に関わる情報の暴露のための会見である。

代表者はノースカロライナ州の緊急医師、スティーヴン・グリア（Steven M. Greer）博士。公的機関による表向きの観測・探査から一歩進めて、あくまで民間レベルで宇宙人とコンタクトをとるのが目的の民間団体、「Ｃ‐ＳＥＴＩ」の代表者でもある。

私は１９９2年、テレビ番組の企画でグリア氏やＣ‐ＳＥＴＩの活動を取材している。

グリア氏が同プロジェクトを開催した目的はこうだ。

「ＵＦＯ情報は人類共通の問題であり、アメリカ一国が独占すべきではない。いまやＵＦＯが存在する、しないと論議している場合ではない。人類最大の問題であることを一般の人に認識してもらうために、地位と名誉ある人物に証言してもらう」

「この日の証言者は21人だったが、表に出ない証言者は４００名いた」とも述べた。

主な証言の要点だけを紹介してみる。中でも注目したいのは、元ＮＡＳＡ従業員ドナ・ヘアの証言だ。

ドナ・ヘアは「**ＮＡＳＡのジョンソン宇宙センターの第8号ビルの写真実験室で、空中写真に写った未確認飛行物体を修正用エアブラシで消去する作業をしていた。**『アポロ宇宙飛行士は月に着陸したとき、宇宙船を目撃した』と友人から聞いた」と暴露。

彼女の話は、ゲイリー・マッキノンの暴露した内容と一致しているのだ。また、元アメリカ空軍ラリー・ウォーレンの関係した事件には、かつて私も注目し、本人に直接取材した。

日本にも呼び、日本テレビの木曜スペシャルで放送している。

元アメリカ空軍ラリー・ウォーレンは**「1980年のNATO空軍基地にUFOが侵入。『鉛筆ほどの太さのライトビーム』で核兵器を作動不可能にした」**と言う。

元アメリカ連邦航空局（FAA）職員ジョン・キャラハンは「1986年11月18日、アラスカ上空で日本航空JAL1628便が31分間UFOに追跡された『日航ジャンボ機UFO遭遇事件』は事実である」と述べた。

元アメリカ空軍少佐ジョージ・ファイラー3世は「5000時間の飛行経験のあるパイロットだったが、1962年にロンドン管制塔から『UFOを追跡できるか』という連絡を受けるまで、存在を信じていなかった。急降下して、金属状の物体を追跡したが、逃げられた。1978年にフォートディックスにUFOが着陸、または墜落し、飛行物体から出てきたエイリアンが軍警官に射殺されたと聞いた」と証言した。

元アメリカ陸軍軍曹クリフォード・ストーンは**「1969年にバージニア州のフォートリーにUFOが墜落。異星人の遺体の第一発見者となった。同種の墜落事件は12件あり、生きた異星人も回収された」**と暴露した。

元アメリカ空軍中佐チャールズ・L・ブラウンは「米国の公式UFO調査プロジェクトで、異星人の宇宙船がレーダーなどで確認されていた」と語った。

元アメリカ空軍管制官マイケル・スミスは「1970年代のオレゴンやミシガンの施設で、複数の職員がレーダーでUFOを捕捉。秘密保持を求められた」と証言。

元アメリカ陸軍軍曹ジョン・メイナードは「21年間の任務で2000通を超える重要文書を見た。UFOに関わる文書や『あるはずのない物体』が写る写真が多数存在していた。**巷《ちまた》の陰謀論で語られる『影の政府』は実在する**」と証言。

元アメリカ空軍カール・ウルフは「1965年の半ばにバージニア州のラングレー空軍基地に勤務していた頃、同僚から『月の裏側に基地を発見した』と聞き、きのこ型や球状のビル、塔の建築物などが写る月の写真を見せられた」と語った。

メキシコ国際空港管制塔員エンリケ・コルベックは「メキシコ国際空港で頻繁にUFOを目撃した。UFOと航空機が衝突しそうになる事件もあった」と語った。

元アメリカ海軍中佐グラハム・ベスーンは「1951年、アルゼンチンに向かって飛行途中、ドーム型の光体で形を変えながら急上昇するUFOを目撃した」と述べた。

元アメリカ海軍ダン・ウィリスは「アラスカの港近くの海から直径約70フィートの楕円形の物体が出現。赤みがかったオレンジ色で、明るく光っていた。時速7000マイルで飛行した」という、1969年に受けた報告を証言。

元アメリカ空軍でCIAエージェントのドン・フィリップスは「『SR‐71』と呼ばれるプロジェクトに参加。地球から出入りするものの、交通量を監視するパイロットたちがいた。『ブラックバード』と呼ばれる機密扱いの航空機製造に関わった」と言う。

元アメリカ空軍大尉ロバート・サラスは「1967年、モンタナ州マームストラム空軍基地で、旋回する赤い楕円形の光体を目撃。光体の出現と同時にミサイルが発射不能状態に陥った」と述べた。

元アメリカ空軍大尉ドワイン・アーネソンは「1960年代に『一機のUFOがノルウェーのスピッツバーグに墜落。科学者チームが調査中』という報告を受け取った」と語った。

元アメリカ陸軍ハーランド・ベントレーは「1958年、メリーランド州の上空で、12～15機のUFOを確認。推定速度は時速1万7000マイル。欠片《かけら》を落下させながら地上に墜落したが、また飛び去った。未確認の高速飛行物体が宇宙船と衝突した際の宇宙飛行士の通信も聞いた」と言う。

航空宇宙イラストレーターのマーク・マカンドリッシュは「1967年、UFOが核兵器施設の上空を飛行しているのを目撃。1960年から空軍が最高速度マッハ20までの『航空機模型試験風洞《ふうどう》円盤テスト』を行ってきたことを示す、多くの機密解除文書を見た」と証言。

弁護士ダニエル・シーンは「機密文書にアクセスしたところ、UFOの写真が何十枚とあった。米空軍がUFOの近くで撮影している写真もあった」と言う。

元宇宙ミサイル防衛顧問キャロル・ローゼンによると、「1974年、アメリカのロケットの父、故ワーナー・フォン・ブラウンを紹介された。彼は『アメリカの宇宙兵器の使用目的が、最初は敵国ロシアを口実として、最終的には異星人が仮想敵になる。すでに宙に浮く車を作ることはできる。その車はビームで動くので、地球から環境汚染をなくせるだろう』などと語っていた」という。

このUFOディスクロージャー・プロジェクトは、2013年の「シティズンズ・ヒアリング・ディスクロージャー公聴会」へとつながっていく。

シティズンズ・ヒアリング・ディスクロージャー公聴会で、米軍・米政府関係者や宇宙飛行士がUFOや宇宙人の存在を証言した！

2013年4月29日から5月3日にかけて、「シティズンズ・ヒアリング・ディスクロージャー公聴会（CHD）」が開かれた。場所は前回のUFOディスクロージャー・プロジェクトと同じ、ワシントンDCにあるナショナル・プレス・クラブだ。

「国が情報公開をしないのなら、国民が実行する」という目的のもと、退役した軍の要人、アポロ計画に参加した宇宙飛行士、政府高官閣僚経験者など40人が参加し、UFO情報を公開した。今回は米国の元上院議員たちも招かれた。

5日間で計30時間に及んだ公聴会の模様は、ネット上でリアルタイムに放送された。

彼らの証言内容をかいつまんで紹介しよう。

元カナダ防衛大臣ポール・ヘリヤーは「**少なくとも4種類の異星人が何千年もの間、地球に来ている。異星人のうち5種類は、ゼータ・レティキュライ、プレアデス、オリオン、アンドロメダ、**

わし座（アルタイル）から来ていて、少なくとも２人が米政府機関で勤務中。彼らのテクノロジーで地球温暖化などは解決できるが、情報開示を阻む『陰の政府』が存在し、世界を支配するために不和を引き起こしている」と述べた。

スティーヴン・グリア博士は「チリのアタカマ砂漠で、高さ15㎝の人間に類似した生物の死骸が発見された」として、その生物のＤＮＡ鑑定の結果を発表。

医学博士ロジャー・レアーは「**エイリアンに誘拐された人々の身体を調査。その結果、体内に異物が混入していた。無線周波数を発する金属体が埋め込まれた人もいる。**体には穴、傷跡、炎症がなかった」と証言。

元ペルー空軍大佐オスカー・サンタマリアは「**１９８０年、空軍パイロットとしてＵＦＯ撃墜を命令された。**追跡した飛行物体は直径30フィート（約９ｍ）。エンジン、翼、窓がなく、頂上にドームがあった。ミスがありえないほどの集中射撃でも、効果はなかった。物体はマッハ１・３で飛行したあと突然静止し、再び元のスピードで動き始めた。地球上のテクノロジーではありえないと感じた」と言う。

マクダネル・ダグラス社に勤務していたロバート・ウッドは30年以上にわたるＵＦＯ研究をまとめた文書を発表。米国政府が権力を用い、ＵＦＯや異星人の存在を隠蔽してきたことを裏付ける内容だった。

航空医官ジェシー・マセール・ジュニアは「父であるジェシー・マセール情報将校は、１９４７年、ニューメキシコ州のロズウェル近郊の牧場に墜落した物体の破片を持って帰宅し、破片は『空飛ぶ円盤のものだ』と語った。破片は3つの部分から成り立つ、非常に堅い金属的なホイルだった」と証言。

元アメリカ空軍大尉ロバート・サラスは前述のワシントンDCでの記者会見時と同様に「1967年、モンタナ州マームストラム空軍基地で、赤い楕円形の光体が旋回するように出現。光体の出現と同時に、ミサイルが発射不能状態に陥った」と語った。

元アメリカ連邦航空局（FAA）職員ジョン・キャラハンは、航空パイロットたちによるUFO目撃ケースと、それらの情報が隠蔽されたことを証言した。

これだけ多くの米軍・米政府・NASA等の元関係者や宇宙飛行士がUFOや宇宙人の存在について証言しているのだ。まさに「UFOや宇宙人は存在するか」ではなく、「UFOや宇宙人は存在する」ことを前提に、いろいろな議論を進める段階に入ったと言っていいだろう。

ディスクロージャー・プロジェクトの集大成、映画『シリウス』

「UFOディスクロージャー・プロジェクト」の代表者、スティーヴン・グリア博士と彼のチームが制作した「シリウス（Sirius）」という、ドキュメンタリー映画が2013年に公開された。インターネットで視聴でき、DVDも発売されている（どちらも有料）。

これは、UFOやETに関する証拠映像、内部告発者たちの情報などが過去15年間にわたって収集され、それらをもとに構成された作品である。

すでに、南米チリで発見された小型宇宙人の写真がウェブ上でも公開されている。この小型宇宙人の死体は、トップレベルの遺伝学者がCTスキャンとレントゲンを用いて検証し、心臓と肺を備えるヒューマノイド型の地球外生命体であることが明らかにされている。

チリの小型宇宙人といえば、2004年、騎馬《きば》警官が通過したあとに道路を横切る宇宙人が撮影されている。日本ではスポーツ新聞の一面でも取り上げられたので、ご存じの方も多いだろう。あの小型宇宙人と何らかの関連があるのかもしれない。

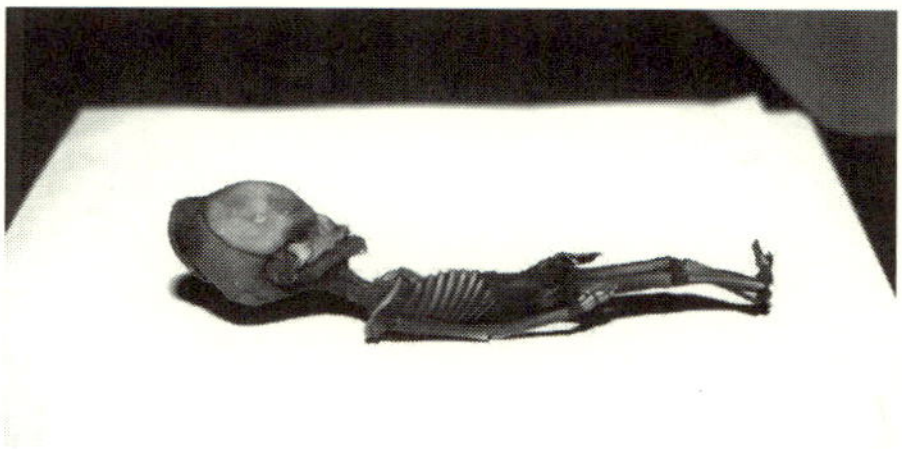

南米チリで発見された小型宇宙人

さらに、映画の中でグリア博士は、政府・軍部関係者のUFO衝突を裏づける証言を紹介。歴代アメリカ大統領のアイゼンハワー、ケネディ、またイギリスの首相チャーチルらが、UFO問題の真相についてどんなことを語っていたのかまでを取り上げている。

また、この映画はフリーエネルギーがすでに存在しているという事実も伝えている。

米国・民間団体「C‐SETI」と宇宙人との交信

宇宙に興味のある方は、「SETI」をご存じだろう。これは、Search for Extra-Terrestrial Intelligence の頭文字をとったもので、「地球外の知性や文明を捜す」という意味になる。

ＳＥＴＩは１９６０年、米国国立電波天文台が行った観測が最初といわれており、以来、天文学者、宇宙学者などを中心に、さまざまな観側が行われてきた。建前は「地球外の知的生物の発見に対して、あくまで科学的、学術的なアプローチを行う」ことになっている。

１９９２年10月12日、ＳＥＴＩの活動は、ＮＡＳＡが数億ドルという予算つきで参入したことから、俄然、本格化した。米国政府もこれまでの秘密主義では、ＵＦＯや宇宙人の正体に迫れないと、腹を決めたのだろう。

ところで、このＳＥＴＩと似ている、「Ｃ-ＳＥＴＩ」という民間団体がある。公的機関による表向きの観測や探査から一歩進めて、民間レベルで宇宙人とコンタクトをとろうという団体である。本部は米国のアシュビルにあり、年間40ドルの会費を支払えば、誰でも会友になれる。

メンバーは、科学者をはじめ、医師、エンジニア、学生などきわめて幅広く、総じて社会的地位の高い人々が多い。支部は米国、カナダ、中南米各地にあり、イギリスに渡っての活動なども行っている。代表者は先述の「ＵＦＯディスクロージャー・プロジェクト」の代表者も務めるノースカロライナ州の、スティーヴン・グリア博士である。

私は１９９２年、テレビ番組の企画で彼にインタビューした。

グリア博士によれば、「宇宙人はＣ-ＳＥＴＩの活動に気づいていて、コンタクトの活動を積極的に進めようとしている」という。なぜなら、**彼が活動のためにメンバーに招集をかけると、アシュビル、デンバー、ロサンゼルスなど、メンバーの出身地にＵＦＯが現れるなど、宇宙人側のリアク**

ションが必ず起こるからだ。

米国フロリダ州ガルフブリーズにおけるＵＦＯとの接近遭遇などは、その典型だろう。

フロリダ半島のつけ根、美しい海に面した小さな半島の町、ガルフブリーズでＵＦＯが頻繁に目撃され、さらには誘拐事件にまで発展したのは１９８０年代後半のことである。私も１９８８年以降、何度となくこの地を訪れ、突然、上空に現れた輝くばかりの巨大なＵＦＯをビデオに収めることに成功した。

その後も、しばしばＵＦＯが目撃されており、この町はＣ‐ＳＥＴＩにとっても重要な活動拠点の一つとなっている。

１９９２年３月。この町にＣ‐ＳＥＴＩ代表のグリア氏をはじめ、よく訓練されたメンバーらが数人、ある予感のもとに待機していた。その予感とは、「３～４機のＵＦＯが北西の方角から現れる」というものだ。これはグリア氏だけでなく、ほかのメンバー３人も同様に感じたという。

そして、まさにその予感通り、北西の方角から４機のＵＦＯが飛来したのだ。グリア氏は語る。

「私たちは４台のハイパワーライトで、ＵＦＯに合図を送りました。パッパッパッと３回点灯すると、彼らも同じように３回、光を返してきたのです」

さらに、ライトで三角形を描くと、３機のＵＦＯが夜空に正確な正三角形を描き返してくるなど、明らかなコミュニケーションが生まれた。

「ＵＦＯとの距離は、最初は２マイル（３・２キロ）ほどで、高さは地平線から26～30度でした。

やがて、風の向きに逆らって、ＵＦＯは０・７５マイル（１・２キロ）くらいのところまで接近してきました」

このときの模様は、５本のビデオテープに撮影され、私も見せてもらったが、明らかに宇宙人の意思を感じ取れるものだった。この状況は付近の６ヶ所でも目撃され、目撃者の数はわかっているだけでも40人以上にのぼっている。

このコンタクトから４ヶ月後の１９９２年7月。

イギリスに多発しているミステリーサークルにかねてから関心を寄せていたグリア氏は、ミステリーサークルと宇宙人の関係について、ある実験をするため、再びＣ－ＳＥＴＩのメンバーとともにイギリスに出かけた。コンタクトの次のステップに移ろうという試みである。

彼はミステリーサークルの研究で世界的な権威として知られるコリン・アンドリュース氏とも交流があった。以前からミステリーサークルとＵＦＯとの関連についてのレポートをアンドリュース氏から受け取っていたのだ。そのうえで、ある実験に踏み切ることにした。

それは、Ｃ－ＳＥＴＩのメンバーが宇宙人に向けて、ある形のミステリーサークルをつくってくれるようにテレパシーで念じる、という画期的なものだった。宇宙人とさらに密度の高いコミュニケーションをはかろうとしたわけだ。

実験はロンドンの西にあるウィルトシャー州で１９９２年７月23日に行われた。あらかじめメンバーで話し合って決めておいた図形「正三角形の各頂点に円を組み合わせたもの」を心に強く念じ、全員で「われわれのテレパシーを受け取ったら、この図形と同じものをミステリーサークルでつくってほしい」と、空に向かってテレパシーを送った。

翌日の午後10時30分頃。この時期のイギリスは、空がまだ薄明るかった。メンバーの頭上、その薄明るい空に、突然、ＵＦＯがライトを照らしながら現れたのだ。

さらに、その翌日の７月25日。その日は嵐がやってきそうな日で、空は低く、厚い雲におおわれていた。その雲の上に、２機のＵＦＯがやってきた。オレンジ色の光を放ちながら、ＵＦＯは時計回りに回転した。

メンバーはハイパワーのライトを雲の上のＵＦＯに向かって送り、さらにビーピング・トーンズ（特殊な音の出る装置）で彼らと交信しようとした。すると、突然、土砂降りの雨が降り出した。

メンバーたちは、「このままでは道路が冠水してしまう。クルマが動かせなくなるのではないか」と不安を覚えたという。しかし、彼らは立ち去らなかった。グリア氏は言う。

「ちょうど畑から立ち去ろうとしたとき、私は〝ここに残らなければならない〟という、ある種のひらめきを感じたのです。そこで、とりあえず車の中で雨が止むのを待ちました」

やがて、雨が小降りになったので、胸をなでおろしていると、別の車で待機していたメンバーがグリア氏の車のもとに走ってきた。

メンバーは窓をたたきながら、「ＵＦＯが、この畑に降下しようとしています！」と叫んだ。

まさか、とメンバーの指さす方向を見ると、直径30ｍもあるＵＦＯが畑に向かって降りてくる。

「それは、前の晩に見たＵＦＯとまったく同じものでした。上部はドーム状になっていて、白、緑がかった青、赤などのたくさんの光が、時計まわりに下を照らしていました」

ＵＦＯは地上３ｍくらいの高さまで降下してきた。ほとんど、人間の目の高さだ。

グリア氏は車から降りて、この巨大なＵＦＯを撮影しようとした。だが、カメラに「ＤＥＷ」というサイン、つまり、「電気系統に水が入っているため、使用不可能」と出てしまい、撮影できなかった。グリア氏はそのとき、次のように感じたという。

「宇宙人は自分たちが撮影されたくないときは、カメラのバッテリーを上げてしまうなどの措置をとるのではないか。相手の意思を無視してまで撮影しようとするのは、失礼になる。これから宇宙人社会と地球人社会との外交と交流に発展するかもしれない場面で、この行動は不適切ではないか。とすると、われわれはそれに逆らってはいけないのだろう」

撮影をあきらめた彼は、ライトを取り出し、ＵＦＯにシグナルを送った。すると、ＵＦＯは旋回を始め、ライトで美しい三角形を描き出した。それは、まるで電飾のクリスマスツリーのようだった。

メンバーはそれから、ガルフブリーズのときと同じように、ハイパワーライトでの交信を何回か行った。このときのコミュニケーションは約15分間にもわたって続けられた。この間、グリア氏の持っていたコンパスの針が、ＵＦＯの光が回る方向、つまり時計回りにクルクルと回っていたという。

「おそらくＵＦＯから、何らかの電磁波が送られていたからでしょう。こちらも、明らかに何かのエネルギーを感じていましたからね」とグリア氏は言う。

この接近遭遇から2日後。**ついに宇宙人からの返事があった。なんと、UFOが現れた畑の上に、三角形の見事なミステリーサークルができていたのである！**

最初に発見したのはイギリスの研究家だったが、本人にその写真を見せてもらうと、それは彼らがまさにテレパシーで送った三角形の図形だったのだ。グリア氏は言う。

「私たちは本当に驚き、興奮のあまり、涙を流す者さえいたくらいでした」

「地球人代表」として、心がけるべき行動とは

このときの実験には、マリア・ワードというC‐SETIの女性メンバーも参加していた。実はこのマリアが、UFOに誘拐されるという経験をしている。私も直接マリアを取材し、「木曜スペシャル」で放送した。

事件は1990年11月21日の夜、起こった。夜中の3時半頃、彼女は見えない手で揺さぶられるようにして目が覚めた。すると、家の外から、懐中電灯で照らしたような光が家の中に差し込んでいた。窓からのぞくと、UFOから青白い光がこちらに向かって放射されていた。光は部屋の壁に、丸い形となって映っていた。

その光に近づくと、光は移動した。彼女は光のあとをついていき、階下に下りていった。すると、階段下に直径15㎝ほどの光る球体があった。

それを取り上げたとたん、あっというまに強烈な青白い光に包まれ、そのまま上空に昇っていく

ような感覚にとらわれたという。そして、気がつくと、彼女は4人の小柄な宇宙人リトルグレイに取り囲まれていた。手術台のようなものの上に載せられ、指先に先端が三角形になった金属の針のような器具を突き刺された。その後のことは、あまり覚えていない。

翌朝、目が覚めると、指に傷があり、枕に血がついていた。やがて、マリアは自分の体には何かが埋め込まれているらしいと気がついた。マリアは語る。

「それからは完全に生活の仕方が変わってしまったのです。彼らは私に、まわりを認識する能力を与えてくれました。ときどき、〝いま見える以上に、もっと注意深くすべての物事を見なさい〟という声が聞こえるのです」

以来、彼女は、UFOとしばしば遭遇し、写真を次々に撮影している。彼女は宇宙人からテレパシーを得て、UFOが飛来する場所やミステリーサークルができる場所が、事前に察知できるようになったのかもしれない。

C-SETIには、「RMIT (Rapid Mobilization Investigative Team)」というチームがある。「調査のための緊急出勤チーム」とでも訳せばいいだろうか。

C-SETIのメンバーのうち、科学者など5、6人で構成され、いざというときには、ただちに自費で現場に駆けつけるメンバーのことだ。彼らは自分の家族に対して「万が一のときはUFOに乗って、そのまま帰ってこないかもしれない」と言い聞かせてあるという。そのような場合に備えて、財産などはすべて妻名義にしてあるというから、中途半端な気持ちではメンバーになれないだろう。

イギリスでのコンタクトの翌年、１９９３年。Ｃ‐ＳＥＴＩのメンバーは「メキシコで次のＵＦＯとのコンタクトが起こる」という強いテレパシーを受けた。そこで、代表のグリア氏を含む、ＲＭＩＴの６名が急遽、メキシコのポポカテペトル山に向かった。

2月1日の夜11時40分頃。３キロ以上離れたところで巨大なＵＦＯを目撃した。

彼らがハイパワーライトで信号を送ると、その巨大ＵＦＯは呼応するように接近し始めた。やがて、彼らの頭上付近にやってくると、それがとてつもなく巨大なＵＦＯだとわかった。

なんと、大きさがフットボールスタジアム３個分もあるのだ！

ＵＦＯは１８０度方向転換した。試しに、メンバーがパッパッと２度、光の信号を送ると、ＵＦＯも２度光を返してきた。やはり、宇宙人はメンバーの意思をはっきりと理解していた。

ＵＦＯはそのまま、１００ｍの近距離にまで降下。グリア氏たちの目にも、はっきりとその上部構造が見えるほどだった。「いよいよ着陸か」と判断した彼らは、Ｃ‐ＳＥＴＩが独自にまとめたプロトコール、すなわち外交上の儀礼に従って、地面に軍隊用のストロボを３つ、三角形の位置に置いた。ＵＦＯに着陸地点を明示したのだ。ＵＦＯはそのストロボに向かって、さらに降下してきた。

ところが、ここでアクシデントが起きた。

彼らに同行したカメラマンが、この模様をカメラに収めようとすると、ＵＦＯは突然、向きを変え、飛び去ろうとしたのだ。このとき、ＵＦＯは後戻りするときの信号を彼らに送ってきた。彼らもすぐに信号を３回送り、ＵＦＯもこれに答えるように信号を送り返してきたが、そのまま高く舞い上がり、夜空に消えてしまったという。

翌日の同時刻。今度は昨夜から少し離れた場所に、再び巨大なＵＦＯが姿を現した。これまでのように、彼らがハイパワーライトで信号を送ると、ＵＦＯは光を送り返し、地上からわずか60ｍの距離にまで降下してきた。まさに着陸するか……と思われたが、やがて反転すると、こちらに光のシグナルを送りつつ、夜空に消えていった。

コンタクトはそれで終了となった。その体験の意味を、グリア氏はこう語った。

「**あれは、私たちに心の準備をさせるための予行練習だったにちがいありません。**私たちのように、十分覚悟していると思っている人間でも、やはり、最後のどたん場で逃げだしたり、恐怖の叫び声をあげたりしかねないのです。なぜなら、これは人類史上初めて、直接、面と向かっての出会いになるわけですから。

宇宙人と初めて対面した場合、その状況に直面した人が誰であれ、その人が『地球を代表する人間』となるはずです。したがって、その人は取り乱すことなく、また、喜びのあまり駆け寄っていって、宇宙人に恐怖心や警戒心を抱かせるような行動をとることなく、冷静に、友好的な態度を示さなくてはなりません」

もし、その人物のとったうかつな行動によって、宇宙人がその意思を攻撃的、あるいは悪意のもとでの行動と受け取ったら、逆に攻撃されるかもしれない。そうなったら全人類が絶滅させられる危険性さえある。Ｃ‐ＳＥＴＩの言うプロトコール（外交上の儀礼）とは、そういう意味なのだ。

TOP SECRET

第5章

ロシアはソ連時代からＵＦＯを開発していた！

ボロネジに現れた奇妙な宇宙人とロボット

タス通信はソ連閣僚会議に属し、世界最大のネットワークを持つ、ソ連政府の公式発表機関とも言える国営の通信社である。そのタス通信が1989年10月9日、UFO情報を世界に向けて発信した。

「目撃者を震撼させた、ボロネジ着陸のUFOを確認」

これは、モスクワの南方、約500キロの一大工業都市ボロネジで、8日間にわたり、40人以上の子供がUFOをはっきりと目撃したばかりか、宇宙人と至近距離で出会ったという事件だ。

1989年9月27日、ボロネジ市の団地の近くにある公園で、ボール遊びをしていた子供たちが、空に浮かぶピンク色の物体を発見した。それは、しばらく公園のまわりを旋回して、すぐに消えてしまったという。

数分後、物体は再び姿を現した。しかも、なんとその中から、身長およそ2mの宇宙人が、小さなロボットらしきものを伴って現れたのだ。この事件を報道したモスクワのプラウダの記者レベチェフ氏によれば、「現地ではこういうことが、すでに20回以上も起こっている」という。

私はさっそく現地に飛び、UFOに遭遇した子供たちをインタビューした。その中の1人、ジェーニャ・ブリヤーノフは現場で身振り手振りを交えながら事件を振り返ってくれた。

「ぼくの家はあの12階建てのアパートなんだ。あそこから公園に歩いてきたとき、赤い大きな光がこっちに向かって飛んできた。その光はどんどん近づいてきて、公園のポプラの木の下で止まったんだ」

それは、よく見ると大きな丸い物体だった。下部にはハッチのようなものがついていた。そのうち、底の部分から脚が出てきて、ゆっくりと着陸した。ジェーニャは、「円盤のまわりにたくさんの窓がついていたのをはっきりと覚えている」という。

そして、2分くらい経ったときだ。ハッチが開いて、中から身長2～3ｍもある3つ目の宇宙人と、小さなロボットが現れた。ジェーニャやほかの子供たちは、怖さもあったが、子供ならではの純粋な好奇心で、その一部始終を見守っていたという。だが、彼らは姿を見せただけだった。

目撃した子供たちの数は10人以上、証言内容は細かな点まで一致している。彼らは小学生から中学生と年齢差があり、つくり話だとしてもそこまで口裏を合わせるのは困難だろう。

この事件の信憑性をさらに裏づけるのは、ボロネジ地球物理学研究所スペクトル分析部長のゲンリク・シラノフ氏の報告だ。

「現場からＵＦＯの着陸跡と思われる、直径16㎝、深さ4～5㎝の穴が発見されました。それは6ヶ所あり、重量およそ11・5～13トンの物体によるものと推定できます。また、一つの穴から、自然に存在するものの2倍以上の放射能が検出されました。さらに、磁力線が異常に低くなっていることもわかりました」

このとき、デニス・ムルゼンコという少年が見たＵＦＯの機体には、ロシア語の「Ж」に似たマークがついていたという。漢字の「王」という字に似ており、このマークのＵＦＯは1967年、スペインのマドリッドでも撮影されている。

その写真を私が見せたとたん、少年はびっくりしたように叫んだ。

「これだ、ボクが見たのはこのＵＦＯだよ！」

マドリッドに現れたＵＦＯと同じものが、このボロネジにも現れたのだろうか。

レーダーを破壊、接近行動をとるＵＦＯ

ソ連崩壊後、ＫＧＢ（ソ連国家保安委員会）が、それまで秘密にしてきた極秘文書の数々を次々に公開した。その中に、ＵＦＯに関する極秘文書１２００ページも含まれていた。その中から2件紹介しよう。

１９９０年9月、事件はロシアのサマーにある宇宙観測用の無線局で起こった。

その日、無線局は、空中から地上に向かって放射されている奇妙な光をキャッチ。責任者がほかの惑星からの放射かどうかを確認しようと信号を送ると、非常に強烈な信号が戻ってきた。

その異常事態に気がついたときは、なんとＵＦＯが無線局の真上に降下し始めており、局舎から10ｍの高さにまで接近していた。

ＵＦＯは一辺が15ｍほどの三角形、底は平らで高さは３ｍほどだった。頂点には光を放つ３つの光源があり、全体的に何かが燃えつきた後のような色をしていた。

私は、旧ソ連ＵＦＯ問題調査小委員会の委員長で工学博士、ウラジミール・アジャジャ博士に、この件についてインタビューしてみた。以下がその内容だ。

「ＵＦＯは無線局のレーダーに向かって光線を発射してきました。すると、金属製のレーダーは一瞬にして吹き飛び、まるで木のように丸焦げになって周辺に散らばってしまったというのです。さらにＵＦＯは、無線局のすぐ横にある畑に着陸しました。

旧ソ連では、１９７７年の軍への通達で『決してＵＦＯを攻撃してはならない』ことになっています。というより、このときはレーダーも破壊されていましたし、無線局の最高責任者も、ＵＦＯの攻撃には対抗できないと判断。事態を見守るよりほかなかったのです」

着陸したＵＦＯはしばらくして飛び去った。ところが、その後、無線局の局員が２人、行方不明になっているとわかった。

司令官自ら、何度も点呼を行い、あたり一帯を徹底的に捜索したが、どこにも見当たらない。そして、ＵＦＯが立ち去ってから2時間後、突然、２人は姿を現したのだ！

「どこにいたのか?」と詰問する上司に、２人は「ずっとこの持ち場にいた」と言い張った。不思議なことに、２人の腕時計はそれぞれ1時間57分と1時間40分遅れていた。さらに、彼らが携帯していた武器がなくなっていた。

宇宙人たちは、彼らに「武器は役に立たない。使わないように」という警告の意味で武器を奪い去ったのだろうか。

奇妙なことはまだある。ＵＦＯが着陸した畑では、なぜか植えられていたトマトが、中身を吸い取られたようにしぼんでいたというのだ。

もう一つの事件は、１９９１年8月14日にエルツィン市で起こっている。

同市にある航空アカデミーに通うマキシアム・ゴルバコフ准尉が、チェコスロバキア空軍との合同演習に参加していたときのことだ。准尉の操縦するジェット機が高度３０００ｍに達したとき、「ジェネレーターが故障している。エンジンにも異常あり」と管制塔から無線を受けた。

こうした場合、パイロットは非常脱出装置を使って、ただちにジェット機から脱出しなければならない。准尉はマニュアル通り脱出ボタンを押し、無事、救出された。

ジェット機は墜落し、大破したものの、その夜、ゴルバコフは航空アカデミーを訪れた司令官ミハイラバルから、模範的な行動をとったと賞賛された。

それから2週間後の8月28日。彼が二度目の合同演習に参加すると、前回とまったく同じことが起こった。ジェネレーターもエンジンも停止してしまったのだ。

このとき、**ゴルバコフ准尉はジェット機のすぐ右側に、光を放つ直径５ｍほどの飛行物体を目撃した。**次の瞬間、その物体はジェット機の前方に接触して、機体の先が燃え始めた。彼はこのわずか数秒間の出来事を地上に報告し、ただちにジェット機から脱出した。

彼は再び司令官から模範的な行動を賞賛されたのだが、翌日になって、軍の事故調査委員会のメンバーがやってきた。彼らはアカデミーが行った事故調査の内容を、真っ向から否定したのだ。

「機体の先頭部には燃焼の原因が見られない。ということは、一連の目撃談や証言は、ゴルバコフが人々の注目を集めるためにでっちあげたものだ」

調査委員たちはこのように主張し、ゴルバコフ准尉は法廷で裁かれた。

原告である事故調査委員会は、アジャジャ博士が委員長をしていたＵＦＯ調査委員会に資料を提出し、事実関係を調べるよう依頼した。しかし、事故を目撃した農民の有力な証言もあり、ＵＦＯ調査委員会はゴルバコフの証言に正当性を認めた。「事故は本当にあった」という結論を下したのだ。

原告側もこれを受け入れ、調査は終了。ゴルバコフは釈放された。

結局、当局はこの事故を「ＵＦＯとの接触事件」と認めざるをえなかったという。

北極圏の禁断の地に住む異人類

ロシアにバレリー・ウバロフという私の友人がいる。

彼に「北極圏には人間ではない異人類が住んでいる」と聞かされて、「行ってみたい」と言ったのだが、「危険だから行ってはいけない！」と血相を変えて止められたことがある。

ロシアの東シベリアにあるヤクート地方は極寒の地として知られている。鉄道も道路も開発途上で、現在でも河川が重要な交通手段として使われている。

国土はほぼタイガ（森林）とツンドラ（永久凍土）で占められ、夏にはツンドラが溶けて泥沼化する。タイガは人間の方向感覚を失わせるため、ベテランの猟師でさえ、決まった道しか通らないという。

ヤクート北西部には「ウリユ・チェルケチェ（死の谷）」と呼ばれる広大なタイガがある。周辺に住むヤクート諸族は、ここを聖域、禁断の地として近づこうとしない。死の谷の内部は「マナラ

（死霊の地）」と呼ばれ、人間ではない者たちが住む「竜王の口」が存在するという。

１８５９年に、エストニア・ドルパート大学（当時）のR・マーク教授が死の谷の実地調査を行った。単身、タイガに入り、川に沿って進んだ3日目。マーク教授は川原の土手に洞穴の入り口のような穴を発見した。

高さ3m、幅2mほどの楕円形で、地下に向かう急斜面に階段の通路が続いていた。しかも、通路の壁面や床は、すべて赤く光り輝く金属で作られていた。

階段を降りてみると、底は直径20mほどの円形の広間になっていて、周囲にはいくつもの部屋があった。全体は大きな半球型と推測された。内部もすべて赤い金属で作られており、窓はなく、明かりを使っていなかったにもかかわらず、昼間のように明るかった。

マーク教授はこの地下建造物の内部に泊まり込み、翌日、湖畔から森へ入った。そこでは、「ブーン」という耳障りな振動音がしていた。

やがて、教授は地面から斜めに突き出している、巨大な鍋のような物体を発見した。突き出している部分は高さ3m、全体の直径は7、8mほどで、内側では赤い金属が光り輝いていた。同じような鍋が森のあちこちにいくつもあったという。

さらに森を進むと、木々がまばらになった広い場所に、全体が赤く輝く大きな建造物があった。上部が天文台のような大きな球体で、数本の柱がそれを下から支えていた。高さは約20m、球体の直径は10mほどで、窓も入り口も見当たらなかったという。

建物に手を触れてみると、金属の硬さとほのかな温かさ、かすかな振動が感じられた。どうやら「竜王の唸り」は、この建物から発せられているらしい。

サンプルを収集するため、マーク教授は建物の一部を削り取ろうと試みたが、大型のハンマーとタガネでも、金属の表面に傷すらつけられなかった。このとき、教授は無機質なこの赤い金属が、まるで生物の身体の一部であるかのように感じたという。

8年後の1867年、マーク教授が再び死の谷を訪れたところ、かつてあったはずの鍋や金属製の建物は忽然《こつぜん》と消えていた。だが、振動音だけは依然として森の中に響き渡っていた。

教授が綿密に調査を行った結果、鍋や建造物は、かつてそれらが存在した場所の地中深くに沈み込んでいることが判明した。しかし、死の谷付近の地盤は固い岩盤質であり、あれほど巨大なものが自然に沈下することは考えられないという。

振動音といえば、最近、世界各地で不気味な音を収録した映像がYouTube等にアップされている。新約聖書『ヨハネの黙示録』で語られる内容と似ていることから、「アポカリプティックサウンド（終末の音）」とも呼ばれている。

『ヨハネの黙示録』の内容というのは「世界の終わりを迎えるときに、7人の天使がラッパを吹く」というもので、ラッパが1回鳴るごとに天変地異が起こり、「7回目のラッパが鳴ったとき、世界は最後の審判を迎える」という。接近しつつある惑星Xに関連があるのだろうか。

1949年の夏になって、ユーリ・ミハイロフスキ氏が父子でこの地を訪れている。

ユーリは砂金掘りで生計を立てていた父親と、砂金を求めて死の谷に入った。実際に砂金が豊富にあり、ミハイロフスキ父子は大喜びで掘り集めた。

しかし、現地に泊まり込んで1週間ほど経過したある晩。彼らがテントの中で眠っていると、突然、激しい地鳴りが起こったのだ。地鳴りがおさまってからテントを這い出してみると、昨日まで何もなかったはずの場所に、巨大な鍋とキラキラ光るキノコのような建物が建っている。

父親が「この金属を削って町に持っていけば高く売れるかもしれない」と考え、キノコのような建物の柱の部分をハンマーで叩き始めた。しかし、いくら2人で力いっぱいやっても、傷すらつけられなかった。

あきらめかけたときだ。急に建物の球体の上部が開き、そこからピカピカ光る黒い服を着た人間が出てきた。全身が妙に角ばっていて、黒々と金属質に光っている。頭には角ばった仮面をつけており、表情は見えなかったが、とても怒っているように感じられた。

父子は恐ろしさのあまり、身ひとつで死の谷から逃げ出した。ほぼ半日走り続け、「ここまで来れば大丈夫だろう」と、ビルユイ川の土手に腰を下ろしてひと息ついた。

そのときだった。突然、「キューン」という音が聞こえたかと思うと、**大きな火の玉が夜空を横切り、その直後、「ドーン」という音がして、死の谷のあたりから大きな火柱が立ち上がった。**

地面は激しく揺れ、夜空は真昼のように明るくなった。火柱が立ったのは一瞬だったにもかかわらず、夜空はいつまでも昼間のように明るかったという。

その後、1986年になり、モスクワ大学のアレクサンドル・グテノフ教授が、旧ソビエト連邦科学アカデミーの委託により、「ビルユイ地区の特異構造物」に関する調査を行った。

グテノフ教授は翌年の報告で、ビルユイ地区における「古代遺跡の存在の可能性」について示唆。「遺跡は岩盤の下に埋まっており、発掘は困難」との見解を発表した。

ところが、2年後の1988年の報告では、ビルユイ地区を「特別保護区に指定し、一般人の立ち入りを禁止すべき」と言い出し、なぜか「エジプトのピラミッドを詳細に調査する必要性がある」と断定した。このロシアの奇怪な地下施設とエジプトのピラミッドが、どう関係あるのか？　きわめて不可解だ。

ともあれ、以後、教授による調査は国家機密に指定された。ソビエト連邦の崩壊後も、グテノフ教授をリーダーとする特別調査団によって調査は続行されているという。

グテノフ教授によれば、死の谷に散在する鍋やキノコのような建物は、固い岩盤をくり抜いた深い穴に設置されており、必要に応じて地上に出現するという。しかも、この穴が掘削されたのも、建造物がつくられたのも、なんと約100万年前と推定されるというのだ！

現在までに、死の谷地区周辺15平方kmの範囲で、21基の特異構造物の存在が確認されている。それ以外にも、地中に格納されている可能性があるという。

構造物を構成する赤い金属は、少なくとも地球に存在する物質ではない。非常に弾性に富んでいるが、表面をコーティングする三層の透明の皮膜が、ハンマーで叩いたくらいでは傷もつかない剛性をもたらし、酸化や温度変化による老朽化を防いでいる。

驚いたことに、金属は「エネルギー変換体として機能している」という。つまり、「地表を流れるエネルギーを別のエネルギーに転化していることが確認された」というのである。

死の谷はエジプトのギザと並んで、最もエネルギーの高いスポットであり、構造物はそのエネルギーを利用しているらしいのだ。

ちなみに、旧ソ連では国家プロジェクトとして、トムスク大学がエネルギー変換体としての大ピラミッドの研究に取り組んできた。旧ソ連科学アカデミーの調査報告によれば、**ギザの大ピラミッドは金属部分が取りはずされてしまっているため、もはや「機械」としての役目は果たさないが、ヤクートの特異構造物は現在でも活動しているという。**

その活動は地球の動きと連動しており、1年のうち4日間、つまり、春分、夏至、秋分、冬至の日にエネルギーの方向性が変わるために、機能を一時的に停止するらしい。

ソ連は「ミサイル発射実験」と称して、1974年から1987年にかけて、シベリアのタイガに長射程核弾頭ミサイルを、なんと集中的に280発も打ち込んでいる！　着弾地点はすべて、ビルユイ川流域「死の谷」だったという。

その後、1997年11月。ロシアのクラスノヤルスクで、日ロ首脳会談が開かれた。

当時の橋本龍太郎首相とロシアのエリツィン大統領によって、「北方領土問題をどう解決していくか」を焦点として話し合われたのだが、この会談には二つの奇妙な点があった。

なぜ、わざわざ僻地《へきち》のクラスノヤルスクで行われたのか。そして、なぜ、会談の中で急に「シベリア抑留」という言葉がソ連から出てきたのか。

シベリアに抑留された日本人は60万人とも70万人ともいわれる。抑留されたまま現地で亡くなった方は、ロシア側発表では4万1000人、日本側の調査では5万3000人となっている。

抑留された日本人は炭鉱労働、建設作業、工場労働などに従事していたが、中には収容所からトラックで連行されたまま、行方不明になった人も数知れないという。それらの抑留者の多くは、「シベリア奥地の探検や遺跡の発掘、あるいは少数民族との戦闘に従事させられていた」という説もある。

このシベリアの奥地で眠る、日本人抑留者の調査協力をロシアが申し出たわけだが、調査はまず、初期マッピング調査から始められるという。初期マッピング調査とは「科学的な探検」のことだ。

そして、**その調査対象区域であるシベリアの奥地には、死の谷の内部、「死霊の地」と呼ばれるマナラのビルユイ地区がしっかりと含まれていたのだ！**

このとき、エリツィン大統領は橋本首相に「国家の安全に関わる重大な秘密」を明らかにしたともいわれている。その内容はなんだったのか？　いまもって謎のままなのだ。

ツングース大爆発の真相はＵＦＯだ

私はロシアのＳＦ作家で、天体物理学者でもあったアレクサンドル・カザンツェフ教授にインタビューしたことがある。そのとき、「ツングース大爆発事件」に関しての真相を聞いた。

１９０８年6月30日、ロシアのシベリアの奥地に落下した隕石が大気中で爆発し、半径60㎞もの広大な面積にわたって針葉樹林がなぎ倒された。大爆発の原因は巨大隕石説、小惑星接近説など、諸説あったが、２０１３年になって、ウクライナ、ドイツ、米国の科学者のグループが、当時の泥炭《でいたん》の地層より、隕石を構成していたと見られる鉱物を検出した。

発見されたものはロンズデーライト、トロイリ鉱、テーナイトなどで、地球上にはほとんど存在しない鉱物のため、現在は隕石落下説が有力と見られている。だが、当時から、カザンツェフ教授はＵＦＯとの関わりを口にしていたのだ。

ツングース大爆発後、クーリック探検隊が1927年に撮影した写真。樹木が一方向になぎ倒されているのがわかる

「私は宇宙人の地球探査船が、その推進力に使っていた核反応炉もろとも、事故によって爆発を起こしたと考えているのです」

爆発地点は広大な面積にわたって針葉樹林がなぎ倒されていたのに、中心部分の木は倒れていない。このことは、大爆発が空中で起こったことを示していた。また、中心部に残った木々の年輪を見ると、同じ種類の木に比べて10倍も早く成長しており、しかも、大爆発のあった１９０８年の年輪のところから急激に変化しているというのだ。

さらに、この周囲からは放射線を検出。昆虫や動植物には放射線を浴びたような変化が起こっていて、中には昆虫の羽が増えたという奇形もいくつか報告されているらしい。教授は続けて言った。

「私の友人で、有名な学者のアレクセイ・ゾロトフ博士や、コロリーヨフ教授などが、この地域一帯を調査した結果、非常に興味深いものを発見しました。爆発の中心部から1000キロほど離れたところにある、コミ自治共和国のバシキ河のほとりに住む漁師が、奇妙な金属を見つけて持っていたのです。

それは銀色に輝く、明らかに人工的に加工された合金のようなもので、もとは球体だったと推定されます。それが、何らかの爆発で破片となって飛び散り、この地点まで飛んできたと考えられるのです」

その後、ソ連科学アカデミーの3つの金属研究所で、この未知の金属の分析が行われた。その結果は、「合金を構成している元素そのものは地球上にも存在するが、同じ合金を地球上でつくり出すことは、ほとんど不可能」というものだった。

しかも、この合金は一方向にだけ磁力が働くという不思議な特性を持っていた。ある一方向にだけ、他の方向によりも14倍も強い磁力線を出すというのだ。

この結果、ソ連の科学者たちは「金属球の破片は地球外の惑星から来たものである」という結論に達した。

巨大ＵＦＯの破片が、地球のまわりを周回している！

カザンツェフ教授は、ほかにも驚くべき情報を持っていた。白髪のまじったヒゲだらけの顔に笑みを浮かべながら、私にある事実を話し始めたのだ。

「あなたはこの地球のまわりを、宇宙人の巨大な母船型ＵＦＯの破片が周回しているのを知っていますか？」

「えっ、それは本当ですか？」

私自身、その話を聞いたことはあったのだが、確証が得られないままになっていた。それが、まさにここで、天体物理学者であるカザンツェフ教授の口から事実が語られるとは、思ってもいなかったのだ。

「ええ、それが事実であるということははっきりしています。１９６７年のことですが、ロシアの天体物理学者セルベイ・ペトロビッチ・ボジーク教授が、調査の結果を発表しています。

それによると、地球を周回する数多くの人工衛星や打ち上げロケットの破片などは、アメリカのＮＡＳＡやＮＯＲＡＤ（北米航空宇宙防衛司令部）が一つひとつを完全に把握していますし、旧ソ連の科学アカデミー宇宙研究所でも常時監視していて、すべてわかっています。

ところが、その中に不可解な物体を発見したのです。それはアメリカが打ち上げたものでも、また旧ソ連が打ち上げたものでもないことが、はっきりしているのです」

ボジーク教授たちは、この10個の破片がいったいどこから来て、どのようにして現在の軌道に乗ったのか、コンピュータで逆算してみた。その結果、もともとは一つの巨大な物体だったものが、あるとき大爆発を起こして10個の破片として散らばり、現在の位置についたことがわかったという。

しかも、精密な計算の結果、その爆発の瞬間が「1955年12月18日」だったことまで突き止めたという。

世界初の人工衛星は、旧ソ連が打ち上げた「スプートニク1号」で、1957年10月のことだ。

この未知の物体が爆発したのは、それよりも2年近くも前なのだ！

カザンツェフ教授が話を続けた。

「したがって、この物体が地球から打ち上げられたものではないことがはっきりしているわけです。言い換えれば、〝これはどこか未知の惑星から飛んできて、この地球を周回するうちに大爆発を起こした〟としか考えられません。しかも、それらが巨大隕石である可能性はまったくない。爆発前の本体は30m×60mというバカでかいもので、およそ5階建てのビルぐらいの大きさだとわかりました。この事実はアメリカの天文学者ジョン・P・バグビー博士もやはりコンピュータ・シミュレーションの結果、まったく同じ結論を出しているのです」

現在、地球を周回中の10個の破片のうち2個は、直径が30mという巨大なものだという。

「おそらく、その物体は遠い惑星から地球に向かってやってきたUFOの母船で、地球の周回軌道に乗ったあと、何らかの事故で大爆発を起こしたのでしょう。

もし、**われわれ人類が共同でこの宇宙母船の回収に成功すれば、おそらく想像もつかないほど優**

れた宇宙人のテクノロジーを手に入れることができるでしょう。

私はアメリカのバグビー博士たちにも呼びかけて、米ソ共同でこの回収プロジェクトを推進したいと思っているのですが、日本も参加していただけないでしょうか？」

カザンツェフ教授はこのように語ったが、その後、米ソ共同の回収プロジェクトは進んだのだろうか。それとも、「未知の科学技術の粋がつぎ込まれた宝の山」は、いまもなお、上空２０００キロの地点を回っているのだろうか。

地上に回収することが不可能だとしても、アメリカのスペースシャトルやソ連の宇宙船を使ってそれらの破片に近寄り、内部をテレビカメラで撮影することはできるはずだ。

「地球の周回軌道を回っている宇宙母船の破片」と、前出のツングース大爆発のときのＵＦＯ。両者の間には、何か関係があるのではないか。

その疑問をカザンツェフ教授にぶつけてみると、教授は身を乗り出して答えた。

「さあ、そこです。これは私の推理として聞いてください。まず、１９０８年に地球を訪れた彼らの探査船が、このツングースの上空で事故のために爆発を起こしてしまった。その情報を知った宇宙人の科学者たちは、ひょっとして彼らの仲間がこの地球上のどこかに生存しているのではないかと考え、何度か調査隊を派遣した。その結果、生存者を発見できたかどうかはわかりません。

ともかく、最終的には巨大な宇宙母船が１９５５年に地球にやってきて、これも何らかの事故で大爆発を起こしてしまった……となると、その母船の乗組員も、爆発の寸前に小型のＵＦＯで脱出した可能性も考えられます。そのうちの何人かはこの地球上に残って、われわれ人間といっしょに住んでいるかもしれないのです」

確かに、後述する宇宙人「ノルディック」なら、身長も外見もスカンジナビア半島の人々と見分けがつかないというほどだから、地球に住んでいてもわからないだろう。その一方で、カザンツェフ教授はツングース大爆発のUFOと、地球の周回軌道にある宇宙母船の破片は、まったく別の宇宙人が関係している可能性も指摘した。

「なぜなら、宇宙人は一種類ではないからです。これまでに報告された宇宙人のタイプだけでも何十種類も、いや、ひょっとすると何百種類にもわたっています。そして、彼らがやってきた痕跡についても、何千年も前、いや、何億年も前から地球を訪れていたという証拠が、いくつも発見されているのです」

複数の宇宙人がこれまでに地球にやってきているという例として、カザンツェフ教授は代表的なオーパーツ（発見された時代にそぐわないと考えられる出土品）の例を挙げた。

まずは、米国のカリフォルニア州コソ山脈で発見された奇妙な晶洞石《しょうどうせき》だ。晶洞石とは、内部が空洞になっている球状の形をした岩石である。たまたまこの晶洞石を半分に切断してみたところ、内部が空洞になっている代わりに、奇妙な人工物が入っていたのだ。

切断面を見ると、中心に、金色に輝く金属製のシャフトがあり、その周囲を非常に硬いセラミック状の白い物質が囲んでいて、さらにその周囲に薄い銅片、その外側に六角形の木製の物体が発見された。X線カメラで撮影したところ、驚いたことに、中心を通る金属製シャフトの先端には、コイル状の金属がついていた。

つまり、現代の自動車の点火プラグに非常によく似た構造をしていることがわかったのだ。しかし、この晶洞石は表面に付着した貝の化石から、およそ50万年前のものと推定されている。

南アフリカの「ろう石」の鉱山から発掘された金属製の球体も同様だ。ろう石とは「滑石《かっせき》」とも呼ばれている。柔らかいので、粉末は化粧品や医薬品などに使われる。

この球体は直径1～4㎝くらいのものまであるが、それらは明らかに人工の金属球で、まわりに3本の溝が刻まれている。さらに不思議なことに、金属球は南アフリカの博物館にガラスケースに収められて陳列されているが、「誰も手を触れないのに、ひとりでに1年間に1回転する」ということがわかったのだ。そして、金属球が埋まっていた、ろう石の形成された年代はなんと26億年も前なのだ！

ちなみに、カザンツェフ教授は日本の「遮光器土偶《しゃこうきどぐう》」を研究し、「遮光器土偶は、当時、日本に飛来した宇宙人の姿をそっくりそのまま模したものである」という説を世界で初めて発表している。遮光器土偶は縄文時代につくられた土偶だ。イヌイットが雪中で行動する際に着用する、遮光器のような形をしている目の特徴からこの名称がつけられた。

取材日にも、自宅マンションに置いてあった遮光器土偶の模型を手渡してくれながらこう語った。

「私は宇宙人に出会った古代の日本人が、その記憶をこうした土偶の形で残したのではないか、

宮城県恵比須田遺跡から出土した遮光器土偶

と考えているのです。目の部分を見てください。これは宇宙ヘルメットのメガネの部分だと思いますが、細いスリットになっています。そのときの宇宙人は地球上の光に耐えられなかった……言い換えると、彼らの星は地球よりも太陽の光が弱かったということでしょう。

手足の部分がふくらんでいるのは、内部の気圧が外気よりも高くなっている……つまり、彼らの惑星の方が、地球よりも気圧が高かったことを意味しているのでしょう。手の部分はひょっとするとマニピュレーター（リモートコントロール用人工ハンド）かもしれません。足もひょっとするとマニピュレーターで、地球上では歩きにくかった、つまり地球とは引力が違ったことを意味しているのかもしれません。

女性の胸のように出っ張っているのは、自動位置測定器かもしれません。ヘルメットの後ろや肩のところについているハッチ状の切り込みは、点検用の小窓とも考えられます。私はこれを、ＮＡＳＡと共同で宇宙服を開発している米国の会社に送ってみたのですが、〝現代の宇宙服にかなりよく似ている〟という答えが返ってきました」

われわれの地球には、はるか遠い昔から、いろいろなタイプの宇宙人が訪問している。そう言われて遮光器土偶を見ると、なるほど、宇宙服を着た現代の宇宙飛行士に非常によく似ているではないか。

異様なまでに大きな目。その目には横に入ったスリット。宇宙服のようにふくらんだ衣服には、呼吸器らしい箱や、何かの計器のダイヤルのようなものまで刻まれているのだ。

３００人の宇宙人との遭遇

宇宙人に会ったという人はけっこう多い。

ロシアでの私の秘密情報源から、「３００人もの宇宙人と直接会って話をしたという人物がいる」と聞いて会いに行った。彼の名はパーベル・ムホルトフ、旧ソ連の新聞「ソビエト青年」紙の記者で、ほかにも40人ほどの同行者がいるという。

私がインタビューした内容を紹介しよう。

事件は１９８９年10月、ペルミ州のマリヨーフカ近くの森の中で起こった。

マリヨーフカ村は昔から怪奇ゾーンとして知られており、幽霊や妖精、「光を発しながら着陸する物体」の目撃談が多かった。だが、１９３０年代のスターリン時代に村の教会が破壊され、当時1万人いたといわれる村人たちは、次々と村を去ったため、廃村に近い状態になっていた。

ムホルトフ記者も以前からこの地方で、「怪奇現象や超常的な出来事が数多く起こっている」という噂を耳にしていた。そうした現象を研究しているのが、民間の「怪奇ゾーン調査隊」だった。メンバーはダシューシンという研究家をはじめとして、超能力的体質の強い人が多く、科学者や医師も参加していた。

ある日、その調査隊が「マリヨーフカ村と、近くの森に起こる奇怪な現象について調査に向かう」と聞いて、ムホルトフ記者は半信半疑ながらも、その一行に「取材記者として加わりたい」と申し出たのだ。

このとき、彼はそこで何が起きるかよりも、調査隊がどのように調査するのかをリポートしよう、と考えていた。「どうせ、たいしたことは起こらないにちがいない」と思っていたからだ。

ところが、調査隊一行が、シールン川という小さな川のほとりから奥へ入ったとたん、この世のものとは思えない、不思議な現象を目の当たりにしたのだ。

突然、前方の空中に、半透明の巨大な円盤が現れた。それはまるで、空中に張られた、目に見えないスクリーンに投影されている立体映像のようだった。半ば透明で、後ろにある雲が透けて見えるのである！　円盤はやや黄色みがかったベージュ色をしたまま、静かに空中に浮かんでいた。

ムホルトフ記者は最初、自分だけに見える幻覚ではないか、とわれを疑った。しかし、まわりの人たちの様子を見ると、全員がやはり自分と同じものを見ているらしいことに気がついた。

すると、調査隊一行が持参した電磁センサー（電磁気に感応して音を出す測定器）が突然、ビー、ビー、とカン高い音を立てて鳴り出した。その間、約20～30秒。やがて、円盤は幻のようにスーッと消えた。

異変はそれだけではなかった。彼らが川を渡って、さらに森へと続く道を歩いていくと、遠くに黒い人間の形をしたシルエットがいて、こちらに向かって歩いてくるのが見えたのだ。

黒い影は1人ではなく、3人、5人と増え、また2人くらいに減り、さらに10人に増え……というように、増えたり減ったりを繰り返しながら、こちらに向かって歩いてくる。

しかも、それは陽炎《かげろう》のようにうっすらとしていた。輪郭ははっきりしているのだが、人間のディテールは見えないのだ。

調査隊が近づいていくと、影たちも明らかにこちらに向かって近づいてくる。両者はついに手が届く距離にまで近づいた。

そのときだ。一行に参加していた空軍のパイロットが、影の中の1人のシルエットを捕まえようと抱きついた。そのとたん、彼はまるで高圧電線に触れたかのように弾き飛ばされ、そのまま、仰向けに倒れて気を失ってしまった。すると、影たちはスーッと消えた。

次に調査隊が見たのは、**上空から地上へ降りてくる奇妙な光の帯だった。巨大なグラスファイバーのチューブの中に入っているかのように、その光は空中で曲がったり、一回転して地上に降り注いだりしているように見えた。**光は、あちこちに現れては消え、現れては消えていく。

たまたまその光の中に入ってしまった人は、大変な頭痛を感じたという。

この体験のあと、調査隊のメンバーは、何か得体の知れないエネルギーが体の中に充電されてしまったかのような感覚を覚えた。たとえば、物体に手を近づけるだけで、触らないのにその物体が動いてしまうのだ。そんな現象が数時間も続いた。

彼らは森の中にキャンプを張って、何日間かを過ごすことにした。

異常な現象は、それからが本番だった。その夜、ムホルトフ記者たちは、森の上空に帽子のような形をした巨大ＵＦＯが滞空しているのを見つけた。

全員が見上げると、ＵＦＯの中からオレンジ色に発光した物体が次々と飛び出した。小さなものはサッカーボールくらい、大きなものは直径２ｍほどもある球体だった。

それらは調査隊の行動を偵察するかのように森の中に侵入してきた。わずか数ｍにまで接近したものもあった。直径２ｍほどの球形の中には、２人の人間らしいシルエットがはっきりと見えた。

それらは空中を飛び回ると、再びＵＦＯの中に帰っていった。ムホルトフ記者は語る。

「私は、あまりの出来事に動転してしまいました。日頃から、新聞記者をしているためか、ものには動じない方です。軍隊時代にはスパイ学校を卒業し、情報将校をしていましたので、物事を正確に見たり聞いたりすることには自信があります。

したがって、私自身が見たものが幻や幻覚でなかったことは確かです。いっしょにいた調査団の連中も、同じ体験をしているわけですから、間違いなく現実なのですが、このあとの出来事はさらに信じがたいものでした……」

翌日から、調査隊はＵＦＯに乗り込んでいると思われる、宇宙人と交信しようと試み始めた。

メンバーの中には、ダウジングの技術に長けている者も多かった。ここで使われたダウジングは、日本のコックリさんに似たスタイルのものだ。ダウジングロッドと呼ばれる木の枝の一端に３、４

人の人が手を触れて、その枝が自然に向きを変える動きに任せるというものだ。

このダウジングロッドを用意したうえで、全員が頭の中にロシア語のアルファベットを思い浮かべ、質問したいことをアルファベットで綴っていった。すると、驚いたことにダウジングロッドがひとりでに動き出した。地面の上に答えをロシア文字で描き始めたのだ。

彼らは、それが本当に宇宙人からの通信であるかどうかを確認するため、4人ずつ10組に分かれ、森の中のそれぞれ離れた場所に散らばった。そして、メンバーの中で、科学者しか知らないような難しい数式や、難解な理論などをテレパシーで質問してみた。

すると、5分も経たないうちに、質問に対する答えが10組全員に返ってきた。それらを突き合わせてみると、すべてが一致していたのである。そこで、宇宙人に具体的な質問をしてみた。

以下がそのやりとりである。

調査隊「あなたたちは、どこから来たのか?」
宇宙人「天秤座の赤い星から来た」
調査隊「あなた方の惑星が見たい」
宇宙人「危険なことだ」
調査隊「それはバクテリアのようなものを警戒しているのか?」
宇宙人「いや、いわゆる〝思考のバクテリア〟というものがあって、それがわれわれにとっては非

　常に危険なのだ」

調査隊「地球に来ている目的は？」

宇宙人「あなたたち人間を観察するために来ている」

いまは理解できなくても、いずれわかるときがくる

森に着いた翌日から、ムホルトフ記者のテントでは不思議な現象が起きていた。テント内側の布に、テレビのような画面が次々と映るのだ。布の中から光が湧き出て、しかも、それらすべてが立体的に見えた。

最初のうち、映像には岩や石の上に描かれる象形文字や絵のようなものが現れた。そのうちに、だんだん映像が鮮明になってきて、街や人間が映り始めた。そこは、南米のどこかの街を感じさせる場所で、魚をデフォルメしたような絵も映った。

こうした映像が次々に現れながらも、必ず最後は人間が出てきて、体が透明になり、何か複雑な迷路のようなところにその人間が入っていく、という形で終わるのだ。これが何を意味しているのか、わからなかった。

映像はやがてテント内側だけでなく、森全体に広がった。森の空中に、薄いベージュ色の靄《もや》のようなスクリーンが現れ、そこにカラーで立体の映像が映し出されたのだ。

そして、ある晩のことだ。超能力者のバチューリンという男が、突然、自分のテントの中から、

パンツ一枚で大声を上げながら飛び出してきて、「おーい、彼らとのコンタクトが始まるぞ！」と叫んだ。

ムホルトフ記者があわててテントから出てみると、森の奥に小さな光が現れるのが見えた。

その光は次第に大きくなって、巨大な人間の目のような形になった。数秒後、その巨大な目のような光は、徐々に上昇し始めた。そして、上空１００ｍくらいで滞空すると、そこから次々に、さまざまな形の幾何学模様が飛び出してきた。

それらは空中の目に見えないスクリーンに向かい、メッセージらしいものを描き始めたのだ。幾何学的図形や数学的な記号らしいもの、さらには象形文字のようなもの……なぜか、無限大を表す記号が多かった。

そのうちに、テレパシー能力に優れているバチューリンが、そのスクリーンに向かって、大声で怒鳴った。

「こういうコンタクトではなくて、お前たちが実際にここへ来て、われわれと直接コンタクトしないか！」

すると、またもや信じられない現象が起きた。

森の奥の地上近くに、突然、丸い光が現れたかと思うと、こちらに向かって、スーッと光でできたトンネルのようなものが伸びてきたのだ。調査隊のメンバーは、あまりの驚きに茫然と立ちすくんだ。すると、そのトンネルの奥から、次々に人間の形をしたシルエットが現れ、メンバーたちに

向かって歩き出したのである。

ムホルトフ記者はそのときの状況をこのように語った。

「彼らが近づいてくるにつれて、私たちは次第に恐怖に見舞われました。でも、体は金縛りにあったように、身動きひとつできません。近づくにつれて、その姿がわかりました。**彼らは明らかに人間と同じ姿をしていて、上下がつなぎになったジャンプスーツのような服を、ピッタリと身にまとっていました。**体の線のふくらみから、明らかに女性とわかるシルエットもありました。一方、男性もいましたが、男性の方がすこし背が低かったように思います。

彼らはどんどん私たちに近づいてくると、15ｍくらい離れたところで横に曲がり、そのまま森の中に消えていきました。私は彼らの数を数えてみたのですが、全部で66人いました。姿はいずれも半透明で、その後ろに森の木が透けて見えました」

その翌日もまた、同じことが起こった。前日と少し違うのは、彼らの姿がさらに物質化しているように見えたことだ。顔や手、服などのディテールが不確かながらもはっきり見えた。

驚いたことに、彼らが歩いた地面には足跡まで残っていた。

3日目の夜、状況はさらに進展した。調査隊は森の空き地にキャンプファイヤーを焚き、そのまわりに丸太を並べてみた。そのうえで彼らが来るのを待ったのだ。

すると、昨日までと同じように、光のトンネルの中から半透明のシルエットが次々に現れ、そのキャンプファイヤーを囲んで座ったのだ。その数、およそ３００人。

彼らの動きはなぜかロボットのようで、ギクシャクとぎこちなかった。それはちょうど、コンピュータ・アニメーションでつくったSF映画の怪獣のような不自然な動きに見えたという。

4日目になると、調査隊は彼らと握手を試みた。応じてくれたので、ムホルトフ記者は実際に握手してみた。すると、自分の手のひらに彼らの体温が感じられた。そして、彼らからのエネルギーの影響なのか、握手したメンバーのまわりに、オーラのようなものが現れるのがはっきり見えたという。

半透明の彼らと接するうちに、ムホルトフ記者はあることを思いついた。そして、「あなた方の体の中を通り抜けていいか?」と聞いてみた。相手が「いい」と言うので、立っている1人の男のシルエットに向かって突進していった。

体がぶつかった、という感触はなかったが、通り抜けるとき、ちょうどカメラのフラッシュライトを浴びたときのように、強い光のエネルギーを全身に感じたという。調査隊はそれから何回も、彼らの体の中を通り抜けたり、逆に、彼らが調査隊のメンバーの体を通り抜けていったり……という遊びを繰り返した。

ちなみに、調査隊が持っていったすべてのカメラは、森に着いたとたんに作動しなくなってしまった。あらゆる記録装置も、テープレコーダーを含めてビクとも動かなかった。そこで、ムホルトフ記者は彼らに、「自分のカメラを直してほしい」と頼んでみた。

すると、意外なことに、彼らがスッと手を近づけるだけで元通りになったという。

「フラッシュだけは焚かないでほしい」というのが撮影の条件だったので、ムホルトフ記者はテントの中や焚き火の近くなど、光の当たっているところで写真を撮った。そのときの写真は1枚だけ残っているのだが、不思議なことに、地球の人間は写っているのに、宇宙人の姿はボンヤリとした光の雲のような形でしか写っていないのである。

交流の中で、彼らがどこから来て何をしようとしているのか、彼らの文明や生活、星の様子なども聞いてみた。彼らは「まだ、あなたたちの科学の知識では理解できないことばかりだと思う。いずれあなたたち人類が、自分自身をもっとよく知り、いったいなんのために生きているのか、をはっきりと自覚できるようになったら、いろいろなことがわかってくると思います」と言うだけで、それ以上の詳しいことはなにひとつ教えてくれなかった。この体験を通して、ムホルトフ記者はこう語った。

「彼らが地球に来る目的の一つは、われわれ人類自らが地球を破壊したりしないように願い、観察することではないかと思います。たとえば、弾道ミサイルの実験のために、わが国の軍がミサイルを打ち上げようとすると、必ずそれを監視するかのように上空にＵＦＯが現れ、滞空するといった報告を多く受けます。ミサイル打ち上げのための準備段階で故障が起き、打ち上げ実験ができなかったことも多々あります。

ミサイルは通常、地下のサイロの中に格納されていて、これをエレベーターで地上に持ち上げ、発射するまでに5段階の手続きが必要となります。ですが、そのステップのどこかが、必ずと言っていいほど作動しなくなってしまうのです。こうしたことから考えて、彼らは核がいかに危険なものので、地球を破壊してしまう可能性を秘めているかということを、私たちに伝えようとしているのではないでしょうか」

ムホルトフ記者たちの体験した宇宙人との遭遇は、常識的な判断の枠をはるかに超えている。一見すると荒唐無稽な作り話か、ドラッグ（麻薬）を使った集団幻覚のようにも感じられる。

だが、ムホルトフ記者はスペース・ステーションに乗り込んで、宇宙から見た地球をリポートするという「名誉あるジャーナリスト第1号」に選ばれたほどの人物だ。さらに、スパイ学校での訓練を経て、物事をあくまでも客観的に見ようとするジャーナリストの第一線記者なのだ。

しかも、40人の調査団の中には、医師や科学者、空軍パイロットまでが含まれている。宇宙人と握手さえしている彼らが、全員、幻覚や妄想にとらわれたまま、1週間を過ごしたとはどう考えても思えないのだ。

ソ連時代からUFOを開発していたロシア

宇宙人・UFOのテクノロジーとの出会いは、実は米国よりソ連の方が早い。1937年頃、ウラル山脈の中でUFOを発見し、回収していたといわれる。

旧ソ連領内に墜落した地球外UFOは、過去30年間で20機以上。中にはソ連戦闘機がミサイルで撃墜したUFOも数機含まれているという。シベリア、ウズベキスタン、黒海近くの山中など、たて続けにＵＦＯが墜落したようだ。

１９６０～80年代といえば、冷戦時代のまっただなかだ。墜落や撃墜した機体は米国側の戦闘機だと考えられていた。しかし、機体の残骸調査をした者たちの調査結果は、まったく違っていた。金属のようであって金属ではない、きわめて軽い物質。熱に強く、手で簡単に曲がるほど柔らかいが、ドリルで穴を開けられない。地球上のいかなる航空燃料も使用されていない。機体はこれまでに見たこともないような異様な形状だった。材質の分析では、その90％以上が地球に存在しない物質であることも判明した。

そこで、ソ連政府はソビエト宇宙局の中に「ＵＦＯスペシャルチーム」を設置。さまざまな分野の科学者、教授、物理学者、天文学者、心理学者、エネルギー技術者、ＫＧＢ、軍人らを招集してメンバーとした。

本格的なＵＦＯのテクノロジーと地球製ＵＦＯの開発が始まったのは、１９７０年代初めであり、１９８０年代になって、具体的なテーマが設定された。

①従来にないエネルギーを使用して飛行する。

②レーダーに映らない。

③軽量で高い強度を持つ金属を開発して、機体に用いる。

というものだ。

機体そのものはボルガ河流域やシベリアにある5つの工場で開発が行われた。ソ連の軍需工場は秘密都市と呼ばれる町にあり、そういった都市は地図にも載っていない。

旧ソ連時代の1995年4月21日に撮影された、地球製UFOの極秘ビデオテープが流出している。

モスクワから東南に1300㎞離れたウリヤノフスク市にある軍需工場の中で、ロシア製UFOの完成セレモニーが行われた様子が映っている。セレモニーはもちろん非公式であり、報道されなかったが、出席者は当時のエリツィン大統領をはじめとする政府高官や軍の幹部たちだった。

そこには模型に触れながら説明を受け、質問する当時のエリツィン大統領がいる。

「これはいったい、どのようにして空中を飛行するのか?」

イシコフという工場長が答えた。

「中央部分に電極があり、そこからエネルギーを発生させています。それを内部に巡らせた特殊なパイプの中で高速回転させることによって飛行するのです」

「これは宇宙人のものと同じ原理か?」と大統領が聞くと、工場長は「これを宇宙人が見たらオモチャみたいだと笑うでしょう」と答えている。

別の日に行われた、UFOの飛行実験の様子も克明に記録されている。格納庫から引き出されるロシア製UFOの映像から推定すると、直径は40m、高さは20mほどと思われる。

飛行テストではこのＵＦＯは高度６０００ｍまで上昇し、ジグザグ飛行や急発進、急加速などの、通常の飛行機にはとてもできないような飛行を行ったようだ。

飛行中のアップの映像では、ＵＦＯの外部は猛烈な高速で回転している。しかし、この飛行実験は着地に失敗して機体はバラバラに破壊され、乗組員たちは全員死亡した。この事実を米国は知っていたらしい。

さらに、このロシア製ＵＦＯの存在を知ったフランスのシラク大統領が、その性能を高く評価。数億ドルにも及ぶ協力資金を提供し、新タイプの直径40ｍのＵＦＯを仏ロ共同で開発。その後、１９９７年、ついに2号機が完成したというのだ。

ロシアの新型航空機の開発は「Ｈ・Ｃ（エヌ・エス）計画」と呼ばれる。「Ｈ・Ｃ」とは、ロシア語で「ノーバヤ・サマリョータ」、「新しい飛行機」という意味である。

このＨ・Ｃ計画は１９９８年の経済危機の中でとん挫。以来、軍事利用から平和利用への模索が続いているらしい。

全米で１４００万人以上、ロシアでは1年に５５００人が誘拐されている！

海外ではアブダクション・ケース（誘拐事件）についての深刻な対応を迫られている。

宇宙人によっていつの間にか連れ去られ、ＵＦＯの中で人体実験をされたあと、記憶を消してもとの場所に戻されるという場合が多い。しかし、記憶を消されているだけに自覚がないのだ。

たとえば、車で隣町へ買い物に出かけたのだが、どうゆっくり走っても30分しかかからないところを1時間30分以上もかかっていたことに気づき、その間の「ミッシング・タイム（失われた時間）」から気づくケースもある。だが、ほとんどの場合、時計の見間違いか、本人の勘違いということで、無理やり納得してしまうことが多いのである。

１９８９年3月16日、旧ソ連時代、科学アカデミーの下部組織に「ソユーズＵＦＯ研究センター（全ソＵＦＯ科学コーディネーションセンター）」が設置された。その役割は、ソ連におけるＵＦＯ研究の拡大と奨励だ。

ソ連ではこれに先立って「全ソＵＦＯ問題小委員会」が設置された。委員長は15年以上もＵＦＯの研究を続けている、ウラジミール・アジャジャ工学博士だ。

私がかつてアジャジャ博士に取材した際、一連の新組織設立について説明を受けたのだが、そこには驚くべき背景があることを知った。アジャジャ博士は言った。

「このところ、ソ連の各地で頻繁にＵＦＯが目撃されるようになってきました。そればかりか、ソ連では昨年（取材時）だけで５５００人もの人が、宇宙人に誘拐されています。つまり、ＵＦＯの研究は、すでにアマチュアや民間レベルでは不可能な状況になっているのです。

そこでまず、私が委員長を務める小委員会ができました。そして次に、ＵＦＯセンターが設置されたのです。

ＵＦＯセンター自体は、直接、研究に携わるわけではありません。ＵＦＯに関する情報を全国から集め、それを科学的に調査し、対策を講じるのです。ＵＦＯ研究の全国的ネットワークをつくる組織と考えてもらえばいいでしょう」

宇宙人による誘拐が、なんと1年に５５００人！　現実は、予想をはるかに超えて進行していた。

米国ハーバード大学医学部のジョン・マック博士も、詳しい調査の結果、現実にアブダクション・ケースが起きていることを公表している。さらに、ペンシルバニア州、テンプル大学のデビット・ジェイコブズ教授は１０００人のサンプル調査をした結果、「人口の約7パーセントもの人がアブダクションを経験している」と発表した。**これは、全米で１４００万人以上の人々が、ＵＦＯにさらわれた計算になるというのだ。日本に換算するとなんと９００万人以上もの人が誘拐され、記憶を消されて自覚していることになる！**

中には、宇宙人によって、体の中に何かを埋め込まれてしまうという「インプラント（埋め込み）・ケース」もある。そうした被害者の体から、インプラントされたものを取り出して、事実を解明してきたのが、元ＣＩＡの調査員デリル・シムズ氏とロジャー・レアー博士の2人だ。

シムズ氏によればインプラント・ケースの被害者は、これまでに全米で４００万人くらいはいるという。あくまでもこれは取材時の数だから、現在はもっと増えているはずだ。

実際に摘出した物質を見せてもらったが、Ｃ字型、Ｔ字型、卵型、葉巻型など、形がさまざまのものが30以上もあった。調査の結果、何らかの受信装置、ないしは発信装置と思われるものもあったという。

では、宇宙人が物体をインプラントしている目的とはなんだろう。率直な疑問をぶつけてみると、レアー博士が答えてくれた。

「可能性は二つ考えられます。一つは、人間の行動をコントロールするためではないか、ということ。なぜなら、これらは足の指、手の甲、そのほか、体のどこに埋め込もうが、必ず神経と接続されていたからです。つまり、脳に直結することを意味しています。したがって、何らかの電波を発信し、それをこの物体が受信して脳をコントロールすることが可能なのです。

もう一つの可能性は、人間の体内のモニター装置ではないか、ということ。これがその人の体調はもちろん、環境汚染による影響や遺伝子の変化、あるいはホルモンの機能などをモニターし、そのデータを発信していることが考えられます。

たとえば、われわれの宇宙飛行士でも、同じことが行われています。彼らは小さな装置をインプラントされていて、血液中の酸素や二酸化炭素、pH（ペーハー）などの生物学的情報を地球上のコントロールセンターに送るようになっているのです」

アブダクションやインプラント事件の被害者は、その家族が何世代にもさかのぼって誘拐され、UFOの中で身体検査をされ、記憶を消されて戻されることが多いようだ。彼らは、ある人間を選び出すと、その遺伝子が世代間を、どのように受け継がれていくのかを研究しているのだろうか。

TOP SECRET

第6章

アメリカは宇宙人と密約を交わしている！

米国政府による宇宙人「オレンジ」との密約

「1960年代に、米国政府が宇宙人と密約を交わしていた！」

このショッキングな事実が判明したのは、1980年代になってからのことだ。私がインタビューしたマイケル・ウルフ博士からの情報がきっかけだった。

実は博士への取材前、私は謎の極秘文書『プロジェクト・アクエリアス』のコピーを手に入れていた。しかし、これは「ニセ情報ではないか」と噂されていた文書でもあった。そこでウルフ博士に聞いてみると、彼は驚くべき事実を口にしたのだ。

「軍の中でも、ごく一部の人間しか知りませんが、1964年、軍は私が〝オレンジ〟と名づけた宇宙人たちと秘密会談を行い、ある種の契約をしたようです。そのことを私は〝キーストーン（鍵となる石）〟と呼ばれている、宇宙人に関する超極秘文書を読んで知りました。私はキーストーンへのクリアランス（秘密接近許可資格）を持っているのです」

ウルフ博士によれば、秘密会談の場所は「ニューメキシコ州のホローマン空軍基地だった」という。とすると、『プロジェクト・アクエリアス』に書かれている「ニューメキシコの空軍基地」と一致することになる。

ここで、『プロジェクト・アクエリアス』の中に「プロジェクト・シグマ」という一節があるので紹介しよう。文中の[redacted]は、黒くスミで塗り潰されている箇所である。

『アクエリアス計画』の概要　大統領関連文書

［予備説明書］主題：アクエリアス計画（TS）

注意：この文書はMJ‐12によって作成された。この計画の内容についてはMJ‐12のみが責任を負う。……（中略）……このプロジェクトは、アイゼンハワー大統領の命令により、[redacted]年に[redacted]に基づき設立された。これは、[redacted]プロジェクトからアクエリアス計画に改称されたもので、[redacted]という資金は秘密の基金から出ている。……（中略）……

②（TS／ORCON）プロジェクト・シグマ：この計画はプロジェクト[redacted]の一部として、1954年に設立され、1976年には分離独立した。

その任務は、宇宙人との基礎的なコミュニケーションを持つことにある。1959年に至り、アメリカ合衆国はこの計画に基づき、宇宙人との基礎的なコミュニケーションに成功した。

1964年4月25日に至り、アメリカ合衆国空軍の情報将校が、あらかじめ設定されたニューメキシコ州の砂漠で2人の宇宙人と公式会見した。この会見はおよそ3時間続いた。[redacted]空軍将校は2人の宇宙人と基礎的な情報交換を行った。このプロジェクトは、いまもなおニューメキシコ州の空軍基地で続けられている。

③（TS／ORCON）プロジェクト・スノーバード：この計画は1972年に立案された。**その使命は、回収された宇宙人の飛行機をテストフライトすることにある。**現在、このプロジェクトはネバダ州で進行中である。

④（TS／ORCON）プロジェクト・パウンス：この計画は1968年に立案された。その使命は、**宇宙テクノロジーを取得するためのUFO[redacted]情報を評価・鑑定する**ことにある。プロジェクト・パウンスは、いまも続いている[redacted]」（太字は引用者による）

これを事実とするなら、もう50年も前から軍と宇宙人の間には、ある種の契約が結ばれていたことになる。このインタビューで、ウルフ博士は3つの異なったタイプの宇宙人が、それぞれ違う目的をもって、この地球上にやってきていたことを明らかにした。

その内容をまとめてみよう。

①**「グレイ＝コルタ（KOLTA）」……身長が1m～1m40㎝、グレイがかった青い色の皮膚。**軍と比較的平和な友好関係を保ち、いろいろな地下の秘密施設で軍の科学者と協力している。

②**「オレンジ」**……オレンジ色がかった皮膚。**外見はユダヤ人にやや似た感じで、非常に大きな鼻を持つ。身長はグレイより少し高く、非常に大きな頭、指は6本。白目も瞳もない大きな黒い目を持つ。眼球や神経は地球人とは違う構造で、消化器官はスポンジのようなものでできていて、脳は4つのセクションに分かれている。**

③**「ノルディック」**……身長も外見もスカンジナビア半島の人々に似ていて、見分けがつかないほど。皮膚は白く、金髪、顔立ちはかなりの美形。このノルディックとオレンジは、両方ともプレアデス星座の「アルテア4・5」から来ているといわれている。

さらに、ウルフ博士は1964年、ホローマン空軍基地において「オレンジ」と交わされた契約について、衝撃的な内容を語った。

「基本的には宇宙人のテクノロジーを彼らの許容範囲内で与える代わりに、彼らが意図している、**人間に対する生物学的、社会学的調査に協力する**、というものでした」

では、数多く起きているアブダクション・ケース（誘拐事件）は彼らのしわざなのだろうか。

「必ずしも彼らばかりのしわざとは限りませんが、行われていることは確かです」

それ以上のことについては話してもらえなかった。しかし、その代わりに**米国防総省が「クローン人間」による兵士をつくり出そうとしていた、超極秘プロジェクトについて聞くことができた。**

「最高責任者はバーニーという将軍でしたが、このプロジェクトは〝J・タイプ・オメガ〟という暗号名で呼ばれ、ほぼ完成するところまでいきました。だが、途中で放棄されてしまったのです。

というのは、戦場に出ても恐れを知らず、上官の命令に100％忠実に従うという、兵器としてのロボット兵士をつくる目的で始まったものの、あるとき、そうやってつくり出された〝クローン兵士〟が、何も知らない哀れな犬を殺せと命令されたとき、それに従わなかったことがあったのです。そこでこのアイデアは危険性が大きいと判断され、中止になりました。

ヒト・ゲノムはすでに（取材時の1980年代には）解読されています。それによって、秘密の研究所ではこのようなクローン人間をつくり出すこともできるのです。と同時に、宇宙人と人間との混血種をつくり出すことも可能になった、と言っていいでしょう」

約30億塩基対のＤＮＡからなるヒトの全遺伝情報をすべて解読する「ヒト・ゲノム計画」は、米国、ヨーロッパ、日本などで進められ、２００３年に完了したとされていた。しかし私たちが知らない間に、もうとっくに解読は終わっていたのだ。

それにしても、宇宙人と人間との混血種をつくる目的はどこにあるのだろうか。

米国政府元職員がリークした「プロジェクト・セルポ」

１９４７年7月、米国ニューメキシコ州ロズウェル近郊の牧場地帯に2機のＵＦＯが相次いで墜落した。一度はＵＦＯが墜落したと発表されたが、突如「気象観測用気球だった」と発表が覆された。

この墜落事件では5体の異星人が遺体で回収されたが、**1体の生きた異星人、通称イーバ1号（ＥＢＥ1号・Extra-terrestrial Biological Entities の略）が保護されたといわれている。**これがＵＦＯ墜落事件としてよく知られるロズウェル事件だ。

このイーバ1号の協力により、１９６５年頃、米国政府の秘密組織ＭＪ - 12（マジェスティック・トゥエルブ）が中心となり、秘密裏に行ったとされる交換留学プロジェクトが、「プロジェクト・セルポ（Porject Serpo）」である。

異星人の住む星、ゼータ・レティキュライ（Zeta Reticuli）座連星系・惑星セルポへ、地球人12名が向かったというのだ。

ちなみに、この件はベティ・ヒルとバーニー・ヒルの夫妻がＵＦＯに誘拐された「ヒル夫妻誘拐事件」と関連がある。

１９６１年9月19日、ヒル夫妻は米国ニューハンプシャー州の自宅への帰り道でＵＦＯを目撃したあとで、意識を失った。そして、気がつくと、２時間が経過していて、ＵＦＯの目撃地点から56㎞も南の町のアシュランドに来ていた。

その後、夫妻は神経障害にかかってしまい、精神分析医の逆行催眠を受けたところ、空白の時間帯にＵＦＯの中に誘拐され、身体検査を受けていたことがわかった。このとき、妻のベティは宇宙人に彼らが来たという星の天体図を見せられたのだが、それがレティキュライ座のゼータ1、ゼータ2だと判明しているのだ。

この話は、２００5年末に「Request Anonymous（リクエスト・アノニマス＝匿名希望）」と名乗る米国政府元職員（アメリカ国防情報局出身らしい）から、ＵＦＯ関係のメーリングリストへ投稿された十数通に及ぶＥメールによりリークされた。

ロズウェル事件での、2件のＵＦＯ墜落事故のうち、1件目はニューメキシコ州コロナの南西、2件目は同じくニューメキシコ州デイティルの南だ。

コロナの墜落現場は、墜落の翌日に近隣で調査中だった考古学者の一団によって発見された。彼らはリンカーン郡保安官事務所に報告した。

保安官事務所の副官は翌日到着し、すぐさま州警の警察官を呼び出したという。

その後、**一体の地球外生命体（ＥＢＥ）が岩陰に隠れているところが発見された。彼らがイーバに水を与えると飲んだが、食物を与えてもまったく食べなかった。**

それから、そのイーバはニューメキシコ州のロスアラモス研究所へ移送された。遺体で見つかった数体のイーバも、冷凍移送システムを使ってロスアラモス国立研究所へ移送されたという。

第2のＵＦＯ墜落現場は、広大な農場の中で、農場の2人の経営者によって発見された。彼らは数日後に、ニューメキシコ州の保安官に報告した。

墜落した場所が僻地だったこともあり、実際に保安官が現場にやってきたのはさらに数日後だった。

その件はニューメキシコ州アルバカーキのサンディア陸軍基地へと報告され、サンディア基地からやってきた回収チームは、6体のイーバの遺体を含むすべての証拠を回収したという。

リークした米国政府元職員たちの努力の結果、生き残ったイーバと意思疎通ができるようになり、イーバは彼らがどこの星から来たのかを教えてくれた。

それによると、イーバは1952年に死ぬまでに、墜落した2機の宇宙船の内部で見つかったさまざまなアイテムの使用方法を十分に説明してくれたという。その中には通信装置も含まれており、実際にイーバは故郷の惑星との通信を試みた。

1964年4月、ニューメキシコ州アラモゴード近くに惑星セルポからイーバたちがやってきた。彼らが到着すると、まず、死んだ同僚たちの遺体を引き取った。

そして、さまざまな情報が交換されたという。彼らは自動翻訳装置を持っており、会話は英語で行われた。

１９６５年になると、リークした米国政府元職員たちとイーバは交流計画を始めていた。元職員たちは注意深く、12名の軍人（10名の男性、および２名の女性、みなアメリカ人）を選んだ。軍人たちはさまざまな専門知識を持ったエキスパートで、多くの訓練をされ、綿密に調査され、軍の資料からは注意深く、完全にその存在を抹消された。やがて、ネバダ州のミサイル試験場の北部にイーバたちがやってきた。

その宇宙船に乗って、12名の軍人たちは惑星セルポに向かって出発した。やってきたイーバのうちの１名は地球に残ることになった。

12名は10年間ほど惑星セルポに滞在したのち、地球に帰還する計画だった。

彼らは１９７８年まで惑星セルポに滞在し、出発地だったネバダ州の同じ場所に戻ってきたが、実際に帰還したのは７名の男性と１名の女性だけだった。帰還しなかった４名のうち、２名は惑星セルポで死亡。２名は惑星セルポに留まることを希望したそうだ。

地球に帰還した８名は、すでに全員が死亡した。最後の生存者は２００２年に死亡した。

以下は、帰還した８名による報告だ。

惑星セルポは、レティキュライ座のゼータ連星系の中、地球からおよそ37光年の距離にある。この距離を旅行するのに、イーバの宇宙船で約９ヶ月かかったという。

宇宙船は非常に大きく、機内は無重力ではなかったので、チームメンバーは十分に運動ができた。しかし、繰り返し起こるひどいめまい、激しい頭痛、方向感覚の喪失などには苦しめられた。

惑星セルポに到着後、チームが大気の状態に順応するのに数ヶ月を要した。慣れるまでには、やはり頭痛、めまい、方向感覚の喪失などがあったからだ。

惑星セルポには、私たちの太陽の5倍ほどの大きさの太陽が二つあった。二つの明るい太陽の強い日差しと、過度の日焼けの危険に苦しみ、チームメンバーはサングラスを常用した。惑星セルポの夜は完全な闇夜ではなく、ある程度暗いという状態だった。

惑星は地球よりわずかに小さく、大気は地球と似ており、酸素・水素・二酸化炭素・窒素を含んでいる。また、地軸の傾きの影響で、惑星の中心部より北半球の方が涼しかった。

中心部の気温は34℃から46℃ほどで、雲も雨も見られた。北半球の気温は12℃から26℃ほどだったので、チームメンバーは暑さを避けて北半球へ移住した。

セルポ人たちは地上を浮いて走る乗り物を持っていた。**チームの移動にはヘリコプターに似た輸送機が使われた。その乗り物はシールドバッテリーのようなデバイスから電力を得て飛行していた。**操縦は簡単で、チームメンバーのパイロットはわずか数日で操縦技術を体得した。

セルポ人社会ではリーダー格の人たちはいたが、政府組織は存在せず、事実上、犯罪もない。それでも軍隊は持っており、警察のような役割も担っていたが、銃など武器の類は持っていないようだったという。

各地のコミュニティ（集落）では、定例集会のようなものが開かれていた。中央にある最大のコミュニティには文明の中心的な役割があり、すべての工業もその中にあった。

また、イーバには金銭という概念がなく、必要に応じて物資の配給を受けていた。中央流通センターのような施設で必要な物をもらってくるのだという。

イーバは、それぞれの能力の範囲で働いていた。子供たちは、完全に隔離して育てられていた。

チームメンバーが子供たちの写真を撮ろうとすると、軍隊に制止され、「2度としないように」と忠告を受けた。

惑星セルポには、地球人以外に9つの星系からの訪問者が来ていた。イーバに似た容姿のグレイ族は、アルファ・ケンタウリAの近くの惑星から来ていた。また、獅子座のG2星系や、イプシロン・エリダノス座中のG2星系から来ている者もいた。

惑星セルポには、大きな雄牛《おうし》のような動物や、首のまわりに長い毛皮があるアメリカライオンのような動物など、さまざまな動物が生息していた。南半球の調査中に、まるで人間のような目を持つ、長く、とても大きなヘビのような生き物を見つけた。

イーバのガイドは、「この生物はどう猛で危険なので注意するように」と言った。チームは4丁の45口径コルト拳銃と、4丁のM2カービン銃でその生物を殺した。

イーバたちは、チームメンバーがその生物を殺したことには驚いていなかったが、メンバーが武器を使用したことに非常に驚いていた。

チームはその生物を解剖してみたが、内臓は実に奇妙で、地球のヘビとはまったく異なっていた。全長15フィート（約4・5m）、胴の直径は1・5フィート（約45cm）だった。

眼球は人間の眼球に似ていて、虹彩《こうさい》があり、その後ろには脳へとつながる視神経の束があり、脳は地球のどんなヘビよりも大きかった。

「その生物の肉が食べられるか」とイーバのガイドに尋ねると、丁寧に「ダメです」と断られた。

チームは地球でのさらなる調査のために、セルポの土・植物・水をはじめ、何百ものアイテムを地球に持ち帰った。

リークした米国政府元職員の知る限りでは、1985年以降、イーバは地球にやってきていないという。

スピルバーグ監督の映画「未知との遭遇」のラストシーンでは、男性10名と女性2名の合計12名が宇宙船に乗り込んでいった。この12名という人数は、映画の台本にも書かれているそうだ。

スピルバーグはその映画について、SF（サイエンス・フィクション）ではなく「科学的事実（サイエンス・ファクト）」と呼んでいたという。

ロナルド・レーガン大統領がかつて、「未知との遭遇　特別編」を見終わったあと、「あなたは、これがどれだけ現実に近いか知らないでしょう」と、そっとスピルバーグ監督に耳打ちしたという。

ウッドブリッジ米空軍基地事件

イギリスの日曜刊の大新聞「ニューズ・オブ・ザ・ワールド」紙が、一面トップに全段抜きで、次のような驚くべき事件を報じた。

「1980年12月27日午前3時、ウッドブリッジ空軍基地から800mの森林内にUFOが着陸。3人のET（地球外惑星の知的生物）が出てきて、基地司令官と会見した。

この会見は、200人の兵士たちが見守る中で行われた。このUFO着陸事件は極秘にされてきたが、当時の空軍基地副司令官チャールズ・ホルト中佐が軍に提出した公式報告書が発見され、証明されるに至った。地球外惑星からの知的生物と会見したといわれるゴードン・ウイリアムズ将軍は、会見そのものは否定したが、UFOが着陸したことについては公式に認める発言をした」

私はさっそくこのイギリスの現地へ飛び、この事件について詳しく調査したうえで、テレビ番組でも取り上げた。

ラリー・ウォーレン軍曹は、その後、2001年5月9日に開かれた「UFOディスクロージャー・プロジェクト」に参加し、当時のことを証言している。

まず、発見されたホルト中佐の公式報告書から紹介しよう。

「1981年1月13日付　米空軍省宛て報告書『説明不能の光』

① 1980年12月27日未明（だいたい午前3時頃）、2人の米空軍警備兵がウッドブリッジ基地の裏門の外に、異常ないくつかの光を目撃。兵士たちは飛行機の不時着か、墜落かもしれないと考え、調査のため門の外へ出る許可を求めた。当時、任務についていた飛行隊長がこれに応え、3人のパトロール兵に、徒歩で偵察に向かう許可を与えた。

彼らは『森で光り輝く奇妙な物体を目撃した』と報告。物体の外観は金属のようで、形は三角形、底辺の直径はおよそ2〜3m。高さは3m。物体のために森全体が白い光で明るく照らされていた。物体の頂部には、波打つように強さを変える赤い光があり、その下側には青い光が並んでいた。物体は空中に浮かんでいるか、または着陸脚の上に乗っているかのようだった。

パトロール兵が近づくと、物体は木々の間を巧みにすり抜け、姿を消した。このとき近辺にいた動物たちが、何かにとりつかれたかのように騒いだ。物体は約1時間後、裏門の近くでごく短時間、目撃された。

② 翌日（1980年12月28日）、地上で物体が目撃された地点に、3つの窪み（深さ1・5インチ、直径7インチ［引用者注・深さ3・81cm、直径17・78cm］）が発見された。

そのまた翌日（29日）の夜、同地域で放射能検査が行われた。3つの窪みと、その窪みによってつくられた三角形の中心付近では、最高0・1ミリレントゲンのベータ／ガンマ量が記録された。近くの1本の木からは、窪みのある方に向いている側で中程度（0・05ないし0・07マイクロシーベルト程度）の放射能を検出。

③　その晩遅く、木々の間から太陽のような光が目撃された。光はあちこち動き回り、明滅を繰り返していた。あるとき、光からいくつかの光の小片が飛び出したように見えた。そして、次の瞬間、5つの白い物体に分裂し、姿を消した。

その直後、空に星のような3つの物体が現れた。2つは北に、1つは南にあり、どれも地平線から10度くらいの角度にあった。それらの物体は鋭角的にすばやく移動し、赤と青と緑の光を放っていた。北の2つの物体は、8倍ないし12倍の双眼鏡で見ると、楕円形のように見えた。

物体は次に完全な円形になった。北の方にあった物体は1時間か、それ以上滞空していた。南方の物体は、2～3時間そこに見えていて、ときおり地上に向けて光線を照射した。

下に署名した者（ホルト中佐自身）を含め、多くの者が②および③で述べた事件を目撃した。

米空軍基地司令官チャールズ・I・ホルト中佐（署名）」

私は「ホルト中佐の空軍省宛て報告書」の①で述べられている、三角形のUFOを目の当たりに目撃したというラリー・ウォーレン軍曹のインタビューに成功した。彼は次のように証言した。

「私たちは緊急出動を命じられ、その夜、レンデルシャムの森に集結していました。私はほかの4人の兵士といっしょに、命じられた通り、森の中のちょっと開けた草原のようなところへ向かって前進していました。

草原には照明器具があちこちに備えつけられ、なぜか大きなフィルムカメラで軍の撮影班が何かを撮影していました。その撮影しているものを見たとたん、私は『あっ』と驚きの声をあげてしまいました。そこには、この世のものとは思えない不思議な物体があったのです。

それは直径が15ｍぐらいの丸く平たい円盤で、まるで透明なアスピリンの錠剤という感じでした。内部が透き通って見え、中には黄色いモヤのようなものがいっぱいに渦巻いていて、黄色い光が脈動していました。円盤は地上から数十㎝のところに静かに浮かんでいたのです。

次の瞬間、森の上空を赤く光る物体がこちらに向かって飛んでくるのが見えました。その赤い光が例の『巨大なアスピリンの錠剤』の上へ来て静止した、と思った瞬間、音もなく光の爆発が起こったのです。それはありとあらゆる光が一時にきらめき、ものすごい閃光を放って飛び散ったという感じでした。

私はあまりの光の強烈さに目がくらみ、何も見えなくなってしまいました。ようやく視力が回復したとき、そこにはいつの間にか巨大な金属製のＵＦＯが出現していたのです。

ＵＦＯは上の方がドーム状になっていて、金属製らしい表面には、たくさんの複雑な突起物や機械の一部らしいものがついていました。また両サイドの底部から、それぞれ小さな翼のようなものが突き出ていました。

私はあまりのことに茫然としながらも、その奇怪なＵＦＯを確かめようとこわごわ近づいていきました。

すると、実に不思議な現象が始まったのです。

近づく私やそのほかの兵士たちの影が、UFOの機体の表面に、まるで内部から映される映像のように浮かび上がったのです。そして、その影の頭の上あたりに、突然、小さな緑色の光点が現れ、次の瞬間、光点はまるでテレビゲームの画面のようにすばやい動きで、兵士たちの影の頭の上を次から次へと飛び回り始めました。それはとてもこの世のものとは思えない幻想的なシーンでした」

ウォーレン軍曹が覚えているのはここまでだった。

次に彼が気がついたときは、いつの間にか兵舎の自分のベッドに、服を着たまま倒れていたという。服はひざまで泥だらけ。時計を見ると午前5時ちょっと前だった。同僚の話では、「ほかの兵士が気を失っているウォーレン軍曹をかついできてベッドに放り投げていった」という。

このあと、ウォーレン軍曹は基地司令部に呼び出された。そして、「秘密を誰にも漏らさない」ことを誓わされたうえで、所属部署に戻された。しかし、うっかり基地の電話でこの事件について知人に話をしたことがバレて軍を除隊になり、米本国に送還されてしまったという。

ウォーレン軍曹は自分の記憶がない部分について、以下のように語っている。

「基地司令部で機密厳守についてのブリーフィング（説明）を受けている間に、どうやら〝UFOから宇宙人が出てきて、ゴードン・ウイリアムズ将軍と会見した〟部分の記憶を消されたのではないかと思います」

その後、私はある秘密の情報筋から驚くべき内容の極秘文書のコピーを入手した。それはイギリス国防省の機密文書で、ＯＳＩ（米空軍特別調査部）による「ＵＦＯ着陸事件」調査の結果が明らかにされていたのだ！

その文書によると、ＵＦＯはある目的をもって、ほかの基地にも着陸していたようである。

「（前略）……１９８０年12月29／30日の夜半に、**数人の生物体が乗船する正体不明の宇宙船が、RAFベントウォーターズ基地付近に着陸したことに関する報告書の作成を完了した。**ＯＳＩの報告によると、それらの生物体は身長およそ１ｍ半、ナイロンでコーティングされた与圧服のようなものを着ていたが、ヘルメットはつけていなかった。

当夜は霧が濃く、生物体は宙に浮いているように見えた。録音によると、これらの生物体は強い米国風アクセントの英語を話し、その声は電子合成音のようである。同様の送信が１９７５年以降、不定期に数回、ＮＳＡ（国家安全保障局）によって傍受されている。生物体は動物の鈎爪《かぎづめ》のような手を持ち、４本の指のうち１本は、親指のようにほかの指と向かい合わせることができる。

当初の報告とは異なり、今回の報告書では**『宇宙船は損傷を受けておらず、米国、およびヨーロッパ各地のSAC（戦略空軍機動部隊）基地を継続的に訪問する目的をもって、意図的に着陸した』**と述べている。宇宙船が米国空軍によって補修された、あるいは基地内に運ばれたという報告は確認していない。

接触は明らかに平和的意図で行われていると思われるため、着陸が国防上の問題になりえるとは考えられていない。ローカルでの情報対処に関する予防計画を立てることが強く望まれる」

ここでは、宇宙人の外見やＵＦＯの飛来目的までが明確に述べられている。中でも、宇宙人が米国、およびヨーロッパ各地のＳＡＣ基地を継続的に「表敬訪問して回っている」という内容には驚かされる。

監視の意味もあるのだろうか。それならば、ウッドブリッジ空軍基地のように、宇宙人と基地司令官の会見があらかじめ設定されていたというのも、理解できる。

この文書の信憑性を元イギリス国防省の大佐クラスの人物に確かめたところ、書式やレターヘッドは本物で、原文の右肩にあった「アイズＢ」という記述は、英国防省内の高官にしか知らされない暗号であり、「Ａ～Ｅのうち二番目の高ランクの人物以外には閲覧禁止の最重要機密」だという。信憑性の高い情報と言えそうだ。

ところが、ここにもう一つの可能性も考えられるのだ。

エリア51その他の地下秘密工場で、宇宙人のＵＦＯを分析研究して開発・製造されている〝地球製ＵＦＯ〟が存在する。それらは主に三角形をしていて、すでに世界各地で目撃され、ビデオ映像にもとらえられている。つまり、このウッドブリッジ空軍基地を訪れたのはそうした地球製ＵＦＯだった可能性も考えられるのだ。

だとすると、各基地を表敬訪問する一環として着陸した、という極秘文書の記述もにわかに現実味を帯びてくる。事実、当時この地域では故障した秘密兵器が修理のために基地に着陸した……という噂が流れていたのだ。

ケネディ大統領暗殺、マリリン・モンローの死の裏側

１９６３年11月22日（現地時間）、ジョン・Ｆ・ケネディ大統領が暗殺された。２０１３年でそれから丸50年になったが、いまでも事件の真相は謎に包まれたままだ。

暗殺事件を検証するために「ウォーレン委員会」が設けられたが、アメリカ政府が公式採用した同委員会の報告書では、銃弾の１発目は外れて、２発目がケネディの首を貫いてコナリー州知事の腕を貫通、３発目がケネディの後方上から頭部を破壊したとされている。

一方、ＦＢＩの調査では、１発目はケネディの首を貫き、２発目がコナリー州知事を直撃し、３発目がケネディの頭部に命中したとしていて、両者の間に食い違いが出ている。

暗殺犯としてリー・ハーヴェイ・オズワルドが逮捕されたが、事件から2日後の11月24日の午前中、ダラス市警察本部から郡拘置所に移送される際に、警察本部の地下通路でナイトクラブ経営者のジャック・ルビーに射殺された。このジャック・ルビーは死刑判決を受けた4年後、ダラス郡拘置所に収監中、ある日突然、激しい咳と吐き気に襲われ、その数日後に死亡した。

死因は右肺にあるガンからくる肺塞栓《はいそくせん》とされたが、のちにダラス郡検視官が調べた結果、ガンの発生箇所とされていた膵臓《すいぞう》には異常がないことが判明。

「拘留中にガン細胞を移植されたのではないか」との説も浮かび上がっている。

事件についての重要な証人と思われる人々は次々に不審な死を遂げたり、射殺されたり脅迫を受けたりしている。FBIの調査結果は、暗殺事件を検証するために設けられた「ウォーレン委員会」に提出されていて、アメリカ政府はこれを2038年に公表すると発表している。

ところで、ケネディが暗殺された理由に、彼が予定していたスピーチの中に、アメリカ政府がUFOやエイリアン（知的生命体）と接触したことを暴露する内容が含まれていたからだという噂があった。

実はその演説草稿が発見されたのだ。ケネディが上院議員だった頃からの顧問弁護士、ローレンス・キューザックが管理していたさまざまなメモや覚え書き、通称「キューザック・ファイル」の中にそれはあったという。ローレンスはすでにこの世を去ったが、息子のレックス・キューザック氏が保管していたという。

ケネディ大統領が読み上げようとしていたといわれる演説草稿は次のようなものだった。

「わがアメリカ国民、そして世界中の皆さん、今日、われわれは新しい時代への旅に向けて出発します。人類の幼年期である一つの時代は終わり、新たな時代が始まろうとしています。

私がお話しする旅とは、計り知れない挑戦に溢れていますが、われわれの過去のあらゆる努力は、われわれの世代の勝利をもたらすものと私は信じます。

この地球の市民であるわれわれは孤独ではありません。無限の知恵を備えた神は、われわれと同様に、他にも知的生命体を宇宙に住まわせてきました。そのような権威に対して、私はどのように述べることができるでしょうか？

１９４７年、わが軍は乾燥したニューメキシコの砂漠で、起源不明の飛行船の残骸《ざんがい》を発見、回収しました。まもなく、われわれの科学により、この乗り物ははるか遠くの宇宙空間からやってきたことがわかりました。それ以来、わが政府はその飛行船を生み出した者たちとコンタクトを取ってきました。

このニュースはファンタスティックで、実際、恐ろしく思われるかもしれませんが、皆さんには過度に恐れたり悲観的にとらえることのないようお願いいたします。私は大統領として、それらの存在がわれわれにとって無害であることを皆さんに保証いたします。

むしろ、彼らは、全人類の共通の敵である、圧制、貧困、疾病、戦争を克服できるよう、わが国家を助けてくれることを約束してくれています。彼らは敵ではなく、友人であるとわれわれは判断いたしました。

彼らとともに、われわれはより良き世界を創造することができます。来るべき未来に障害や失策が絶対に生じないとは言えません。

しかし、われわれはこの偉大なる土地に住む人々にとっての真の運命を見つけたものと信じます。それは世界を輝かしい未来に導くことです。

なぜ彼らがここにやってきて、長期間にわたり、われわれのリーダーたちが彼らの存在を皆さんに公表しなかったのか。近く、皆さんはそれについて知らされることになるでしょう。

私は皆さんに、臆病にならず、勇気をもって未来に目を向けるようにお願いいたします。なぜなら、私たちは地球に存在した古代の平和のビジョンと全人類にとっての繁栄を、この時代に達成できるからです。

あなた方に神のご加護のあらんことを」

マリリン・モンロー（左）とケネディ元大統領

これは驚くべき文書だ。人々になるべくショックを与えないよう、注意深く言葉を選んでいながら、政府がすでに宇宙人と直接会談を行っていることをはっきりと言明している。

もし、ケネディが暗殺されずにこの演説を行ったとしたら、世界はまったく別の方向に進んだことだろう。それは、一部の権力者たちによる専制政治の現在とは異なり、真に民衆の民衆による民衆のための世界に変わっていたはずだ。

ちなみに、そのキューザック・ファイルの中には、ケネディとマリリン・モンローの関係を裏付けるメモもあった。ロンドン警視庁の筆跡鑑定で、メモは「ケネディの自筆である」と証明された。

世界的に有名だったマリリン・モンローは、ケネディ大統領と親密だった。

彼女もまた、1962年8月4日、全裸のままベッドで受話器を握りしめた状態で、家政婦に発見された。死因は睡眠薬による自殺とされたが、不審な点が明らかにされた。

瓶の中には多くの睡眠薬が残っており、大量の薬を飲み干したはずのコップもない。大量の睡眠薬を飲めば胃の中に何か残るはずなのに、何もなかった。警察が保管していた臓腑も盗まれた……等々だ。

キューザック・ファイルの中には、それ以上に衝撃的な文書が残されていたという。

「あのことは絶対に口外しない。口止め料として60万ドル（4億円）支払う」というマリリンとの契約書のコピーがあったという！　これはいったいなんなのか。

さらに、ショッキングなのはマリリンの友人、ジーン・カーメンの証言である。

あるとき、**マリリンは喜んでジーンに「大統領から〝ロズウェルで異星人を捕らえたんだけど、いっしょに見に行かないか？〟と誘われた」と話したというのだ！**

CIA機密文書には「マリリンは危険な女だ。国家を脅かす機密情報を知っている」とタイプされているらしい。彼女もまた、真実を知ったために殺されたのだろうか。

1997年、元アメリカ陸軍情報将校、フィリップ・J・コーソーが『ペンタゴンの陰謀』を出版し、日本でも発売された。その中で彼は、「ケネディ大統領がCIAを通じて受け取る情報は、故意にねじ曲げられたものだった」と述べている。

彼はボビー・ケネディ司法長官に、ロズウェル事件や異星人の話を一切せず、「月面基地を先取りされては、冷戦の勝利はソ連の手に渡る」と力説した。すると、その懇談直後、まだ何も知らなかったジョン・F・ケネディ大統領が、国民に向けて「1960年代末までに米国は月に有人探査機を送りたい」と発表を行ったという。

そのジョン・F・ケネディ（JFK）はいつ真実を知ったのだろうか？

ケネディ大統領がCIA長官宛てに書いた直筆の手紙がある。大統領は暗殺される10日前、CIAにUFOファイルの閲覧《えつらん》を要求する手紙を書いた。

そして、側近の猛反対を振り切ってすべての文書に目を通した。そのうえで、CIAに対し、自身が閲覧した、現代の科学で解明できない国家機密扱いのUFO現象情報を、即座に世界へ公開するよう命じたと言われる。

ケネディ大統領は、当時、ソ連で多数のUFOが目撃されていることで、ソ連がそのUFOを「アメリカの新兵器による偵察だ」と誤解している可能性があることに対し、強い懸念を示していた。

JFK研究で知られる作家のウィリアム・レスター氏は、「ケネディはソ連に〝UFOはわれわれアメリカの秘密兵器ではない。アメリカ人がソ連上空を侵犯したのではない。UFOを差し向けたのでもない〟と言いたかったはずです」という。

その核心部分を記したメモは焼き捨てられたといわれていたが、CIAのXファイルチームが1990年代に、この消失メモを手に入れた。そして、匿名のCIA情報提供者から、1999年にＵＦＯハンターのティモシー・クーパー氏に郵送された。このメモによれば、「ランサー（ケネディ大統領を表すシークレットサービス用の暗号コードネーム）は、ＣＩＡの不認可活動に対していくつか問い合わせてきた。10月前までにレポートを提出するようにいわれている。この問題は、ＭＪ‐12に不利益を与えてしまう恐れがある」と書かれていた。

「ＭＪ‐12」とは、ロズウェルのＵＦＯ墜落事件を重くみた、時の大統領トルーマンの命のもとに設置された、ＵＦＯ・宇宙人問題に関する最高機密組織だ。当時のＣＩＡ長官、国防長官、高級官僚、科学者など、12人のメンバーで発足し、以後、この機関と調査・研究の報告「ＭＪ‐12文書」は、国家最高機密として次の大統領アイゼンハワーへ引き継がれていった。

消失メモの現在の所有者は匿名だが、２００１年にこれをクーパー氏から買い取ったあと、ＡＯＬニュースに「ＪＦＫがＭＪ‐12の意志に反してＵＦＯについて質問したとき、ＣＩＡは彼の暗殺計画を準備し始めた」と語っている。

元ＣＩＡ調査員であるロバート・ウッド氏は、この消失メモについて「私は鑑識会社に依頼し、法廷で使うのと同じ技術を用いて調査した。その結果、紙に刻まれたインクの年代、透かし模様、フォントの形、その他の証拠から、本物だと査定した」と言っている。

絶大な権力の下に統括されている米国の組織

ＭＪ‐12委員会はあらゆる米国の情報機関を下部組織として従えていた。これらの組織を理解するうえで知っておかなければならないのは、米国の諜報システムだ。

米国では第二次世界大戦中に「ＯＳＳ（戦略業務局）」という諜報機関が設置されたが、終戦とともに任務は終わったとして解体された。これに代わって、１９４７年７月に編成されたのがＣＩＡだ。

引き金となったのは米ソの冷戦で、情報機関の必要性が再び生じたためだが、実はもう一つ、重要なファクターがあった。それは前述のロズウェル事件が起きたことだ。

事件の日付は１９４７年７月２日。つまり、ＣＩＡ設立の月とドンピシャリ一致している。ＵＦＯと宇宙人の回収という一大事件を契機に、対ＵＦＯ・宇宙人対策に緊急に必要な重要機関としてＣＩＡが設立されたとも考えられるのだ。

大統領に直結する組織である「ＮＳＣ（国家安全保障会議）」に直属するＣＩＡは、国家安全保障法で任務を次のように決められている。

①国家の安全保障に関連する情報活動に関する事項についてＮＳＣに助言する。
②政府の情報活動の調査のため、ＮＳＣに勧告する。
③入手した情報を評価し、政府部内に配布する。
④ＮＳＣが集中的に活動することが能率的と認めた活動を遂行する。
⑤国家安全保障に関する事項であって、ＮＳＣが随時指令するその他の任務を遂行する。

一つひとつの条項は漠然としていてわかりにくいが、要は秘密工作をも含め、国家安全保障上のすべての情報の収集とコントロールを許されているということだ。

注意すべきなのは、このＮＳＣの設立が、かのロズウェルＵＦＯ墜落事件の直後ということだ。ＮＳＣも明らかにＵＦＯ情報隠蔽のための組織なのだ。

したがって、ＵＦＯ隠蔽工作も、この法律のもとにＣＩＡが実施した。しかし、「現在のアメリカの情報機関の主役は、もはやＣＩＡではない」といわれる。

さらに強大な組織が１９５２年11月に設置されたからだ。ＵＦＯ関連文書にしきりに名が出てくる「ＮＳＡ」だ。発足以来、ＣＩＡを上まわる人員と巨費が投じられ、ＮＳＡはアッというまに世界一の情報機関に成長した。

その本部はワシントン北郊、メリーランド州フォートミードにある。世界の国境という国境に、その盗聴部隊と「象のオリ」と呼ばれる巨大な傍受レーダーが張りめぐらされている。**盗聴基地の数は、なんと世界に２０００ヶ所以上といわれる、文字通り世界ナンバーワンの情報機関だ。**

メインの部隊は空軍業務部軍団で、この部隊には電子工学、暗号解読、世界の言語に精通した一級の科学者が所属している。そして、偵察衛星、電子情報艦、ＳＲ71型高速偵察機、潜水艦など、ありとあらゆる最新の軍事設備を投入して、情報を収集、各種の通信を解読分析しているのだ。

さらに、もう一つ、情報機関の総本山といわれる組織である国防総省も忘れてはならない。その

米軍の最上部機関・国防総省の全景

建物の形から「ペンタゴン（五角形）」とも呼ばれている軍の最上部機関だ。

このペンタゴンの中にも秘密の諜報機関がある。DIA（国防情報局）だ。DIAはCIAやNSAに比べると歴史は浅く、1961年10月に設置された。

「ペンタゴンで最も秘密のベールに包まれた機関」といわれ、陸海空三軍の情報部を統轄《とうかつ》するだけでなく、各国大使館に武官を送り、諜報活動を続けている。

国防総省にはこのほか、統合参謀本部（JSC）、海軍情報部（ONI）、空軍情報部（AFI）がある。

この中ではAFIが、UFOと最も大きな関連を持つ機関だろう。AFIは国家偵察局「NRO」、CIA、NSAの指導の下で、偵察衛星の打ち上げを担当しているのだ。

だが、なぜか、1962年の3月以来、打ち上げに関する一切の情報発表を中止している。

この疑惑に密接に関係するNROは、UFO研究家たちから謎の機関としてマークされている。NROは米議会からも隠された秘密機関で、年間総予算は1億ドル（約120億円）を超える。

しかも、その使途を議会に報告しなくてもよいことになっているのだ。NRO内のある機関は、人工衛星や航空機を使ってあらゆる偵察活動を行い、すべての情報機関の指揮監督に当たっている。

諜報機関はCIAからNSA、NROへと、主導権を移しつつあるのだ。

では、その上に立つ、問題のMJ‐12は、いまどうなっているのか。

ジョン・リアーという人物がいる。彼は元米国空軍情報部員で、30年間のパイロット期間中のうち16年間は情報部員として世界各地を飛んでいた。そのリアー氏は、**「MJ‐12という名の組織は、現在は存在しないが、時代とともにメンバーが変わりながら、いまも存続している」と断言する。MJ‐12はいま、「宇宙問題特別委員会」と名前を変え、白昼堂々とその活動を続けているというのだ。**

政府高官、軍関係の人間、それに民間のオブザーバーまでをそのメンバーに加えている。だが、正確にいえば、「宇宙問題特別委員会」のさらに上に、実質上の陰のMJ‐12メンバーがいるという。

リアー氏は現在のMJ‐12メンバーに関しても情報を握っており、その中には世界中の誰もが知っている大物政治家の名前もある。それは、ベトナム和平の立役者であり、米ソの雪解けに尽力した人物だ。

もしかしたら、彼がデタント（緊張緩和）を推し進める名目で訪ソした中には、第7章で触れる「レーガン・ゴルバチョフ発言」の下地づくりの活動があったのかもしれない。

今日も、大衆コントロールのためのプロジェクトが、彼らの主導で着々と進められているのだ。

米国特務機関の莫大な影の予算が暴露された

エドワード・スノーデンはＮＳＡの外注先技術者だった人物である。**日本の米軍基地内でもＮＳＡ関係の「システム管理」をしていたそうだ。**

２０１３年６月、彼は香港で複数の新聞社の取材やインタビューを受け、ＮＳＡによる個人情報収集の手口を告発した。

「ＮＳＡが『プリズム』というシステムを使い、ＳＮＳ、クラウド・サービス、インターネットの接続業者など大手のＩＴ企業９社から網羅的にデータを収集していた」というのである。その後も、米国内や全世界でのインターネット通信傍受、それに対するＩＴ企業の協力、同盟国に対する情報収集、英国による情報収集の事実などを次々と暴露。

また、米国の新聞「ワシントンポスト」が、スノーデンが暴露したという米国特務機関の「影の予算」の数字を公表した。最も多額の予算を受け取っているのがＣＩＡで、１４７億ドル（日本円で１兆４７００億円）。毎年の諜報活動には、全部で５２６億ドル（日本円で５兆２６００億円）。予算は、２００４年から50％以上増えたという。

ＣＩＡに続いて多額の予算を得ているのはＮＳＡで、２０１３年は１０８億ドル（日本円で１兆８００億円）だという。

２０１３年６月22日、そのスノーデンに対して、米司法当局により逮捕命令が出された。その後、彼はエクアドルなど第三国への亡命を検討していたが、２０１３年８月１日にロシア移民局から一年間の滞在許可証が発給され、２０１４年3月現在、ロシアに滞在中である。

思うに、どこの国でも盗聴を「うちはやっていない」などということはありえない。日本だってやっているはずだ。

戦争がない平時といえども他国の動静を知っておく必要があるからである。

昔から戦争よりも諜報戦の方が国益にかなうことはよく知られている。豊臣秀吉が戦争に強かったのは、諜報戦に長けていたからだという話はご存じの方も多いだろう。

米国特務機関の莫大な影の予算には驚かされるが、今回のリークはどこの国でも必要に迫られてやってきたことが、表に出たにすぎない。

TOP SECRET

第7章

NASAとエリア51とペンタゴンの闇

表NASAと裏NASAの存在。すでに月面に軍事基地がある?

アメリカのチャップマン大学の教授リチャード・ボイラン博士は、ふとしたことからUFOを目撃し、それ以来、UFOと宇宙人についての研究に没頭するようになった。その中で、ボイラン博士は宇宙開発計画には二つの顔があることを知ったという。博士にインタビューを申し込むと、応じてくれた。

「一つは、NASA。宇宙への発射基地はフロリダ州のケープカナベラルにあることはよく知られています。

ところが、もう一つ隠れた宇宙開発のための基地があるのです。それは軍がひそかに行っている宇宙計画で、暗号名が〝パンプキン・シード〟、または〝TR-3Aブラックマンタ〟と呼ばれているプロジェクトです。その発射基地は、カリフォルニア北部に位置するバンデンバーグ空軍基地とヴェイル基地にあります。

そこから飛び立つのは、スペースシャトルのような大がかりで、しかも莫大な費用のかかるロケットではなく、〝ダーク・スター〟、または〝X-22A〟と呼ばれるものや、〝オーロラ〟、または〝X-33〟と呼ばれる反重力推進による宇宙往還《おうかん》機なのです」

実は、**誰もが知っているNASAの活動を「表NASA《ナサ》」と呼ぶとすると、「裏NASA《ナサ》」とも言える秘密の組織がある。**

ボイラン博士の話が本当なら、すでに地球製のUFOが宇宙空間に飛び出していることになる。

何を目的にこれらの秘密の宇宙開発が計画されたのだろうか。ボイラン博士の話は続く。

「**月面に軍事基地をつくって、宇宙人からの脅威に対抗しようと考えているようです。**もちろん、これまで宇宙人からの攻撃はまったくなかったわけですから、そのような心配をする必要もないのですが、軍の一部は、万一に備えて着々と準備を進めているようなのです」

後に詳述する宇宙人の存在を恐れる組織、ＣＡＢＡＬ（ケイバル）の存在がここで確認された。しかし、宇宙人のはるかに優れたテクノロジーに、われわれの科学技術で勝てる見込みがあるのだろうか。

「私には絶望的に思えるのですが、その連中は、〝電磁パルス砲を使ってＵＦＯを撃墜できる〟と信じているようです」とボイラン博士は言った。

「電磁パルス砲」は、アメリカの軍部が太平洋で核兵器の実験を行ったとき、遠く離れたハワイで大停電が起きたことがきっかけで生まれたという。

軍の科学者は核爆発によって起こった電磁パルスがハワイに到着し、そのために電力系統が破壊されたことに気づいた。そして、パルス波の研究が行われ、兵器として開発したのが電磁パルス砲なのだ。とすると、ＣＡＢＡＬはすでに月面に基地をつくり、その電磁パルス砲を配備しているというのだろうか。

ボイラン博士は「それはまだわかりません。が、ある情報によると〝もうすでに月面基地は完成している〟ということです」と言うが、すでに月面に基地を持っている宇宙人たちと、どう折り合いをつけるのかも難問なのではないだろうか。

エリア51にピラミッドがあった！

カジノで有名なラスベガスから北西へ１６０キロ。ネリス空車基地の広大な敷地の中に「エリア51」はある。

周囲を山に囲まれた、われわれにはとうてい覗き見ることができない極秘の軍事基地だ。グルーム・レイクと呼ばれる乾湖のふちに沿って建てられている。

ここには世界最長といわれる、長さ1万mにも及ぶ滑走路があり、ステルス爆撃機B‐2や、ステルス攻撃機F‐117Aをはじめとして、さまざまな秘密の航空兵器をテストしているといわれている。

このエリア51の背後にそびえる山を越えた裏側には、もう一つの秘密基地「S‐4」がある。

S‐4には宇宙人との共同地下基地があり、宇宙人からのテクノロジーでUFOを製造している、と噂されてきた。

この地域の近くに住む住民たちは、UFOらしい飛行物体を頻繁に目撃、中にはビデオカメラにおさめた人たちもいる。秘密基地S‐4の西側には広大な砂漠が広がっていて、原爆実験の痕跡が生々しく残されている。

このエリアは、もともと原爆のテストサイト（実験場）だったところで、１９４０年代の初期、数多くの原爆実験が行われたのだ。その北側には、山の中腹にトンネルが掘られ、地下核実験が行われたこともわかっている。

したがって、この地域には、軍の要人といえども放射能を恐れて近寄らない。つまり、秘密保持のためにはまことに都合のよい場所になっているのだ。

ちなみに、エリア51とS‐4は「プロジェクト・レッドライト」と呼ばれる秘密計画に基づいて建設されている。私はその極秘文書を1982年に入手した。

「プロジェクト・レッドライトの極秘文書（原文）

政府（軍を含む）の手によって回収されたUFOと宇宙人の研究、並びに分析を目的とした極秘計画。このための施設はネバダ州にあり、周囲に3つの防衛基地を有する。

この地域は、以前原子力委員会の管理下にある原爆実験場、および海軍補助航空基地の施設があったところである。

1951年、海軍補助航空基地要員は移動させられた。しかし既存の海軍病院は残され、病院の従業員は一歩たりとも外へ出ることを許されなかった。

やがて、軍の建設作業班が到着、大がかりな施設の建設が始まった。施設の大部分は、地下に造られた。

建設が終わると海軍病院の従業員、および軍の建設作業班は出ていき、入れ違いに『プロジェクト・レッドライト』のメンバーが入居した。１９５1年の終わりのことである。

プロジェクトの研究は、ＵＦＯの構造、推進機関、機器類、兵器など多岐にわたっている。回収されたＵＦＯの機体は、部品を集めて組み立てられ、あるものは修理され、米軍のテストパイロットによって飛行実験が行われた（ＵＦＯの格納庫、および研究施設は、すべて安全な地下に隠されている）。

この基地の警戒警報システム、および防衛システムは、宇宙人の報復の可能性に対抗して設計された。基地には８００～１０００人の要員、および科学者が、永久に外部に出られないまま居住している。

『ブルー・ベレー』部隊の分遣《ぶんけん》隊が毎日、24時間、警備している。

特別許可証のない人間が基地に近づいたり、観察したりすることを防ぐため、特別に設計された防衛システムが設置され、強制的に排除される仕組みになっている。

２機の大気圏モードの円盤型飛行物体が、米軍パイロットによって試験飛行に成功した。が、この２機の円盤は同時に試験飛行中、猛烈な大爆発を起こして、破壊された。

１９７８年、２人の宇宙人のうち１人が死んだ。生きている方は、彼のために特別に設計された『環境保全室内』に保護されている。

最高機密資格を持つ大勢の科学者たちが、過去20年以上もの長い間、この秘密計画に参加させられている……」

その後、マイケル・ウルフ博士に取材した。

カナダのマクギル大学で神経学の学位を取り、マサチューセッツ工科大学（有名なMIT）で物理学を修めた人物であり、なんと、**「エリア51に隣接した地下秘密施設S‐4区域で、宇宙人とともに生活したことがある」**という。

彼は科学者として、大統領の秘密の特別顧問の任務についていた経歴があり、国家安全保障会議（NSC）の管理下に置かれていた。

しかも、驚くべきことに、先述した「MJ‐12」が組織する秘密委員会の委員長をも務めていたのだから、大変な地位の人物ということになる。博士は「アバブ・トップ・シークレット（最高機密の上にランクされる領域）」のクリアランス（秘密接近許可資格）を持っていた。

これは、ウルトラ・アンブラ・プロジェクト（超陰の計画）と呼ばれる極秘のプロジェクトに関するクリアランスを持っていることを意味するという。

直接的にはNSCに雇われたが、傘下のNSAやCIAにも関係していたらしい。

ウルフ博士を訪ねたとき、監視役なのか、2人の男が博士を挟んで立っていた。当時55歳だった彼は、細身で眼光も鋭く、車椅子に座っていた。奥さんと子供を交通事故で失ったばかりだという。

博士は言った。

「最愛の者たちを失ったいま、失うものは何一つないのです。このような人類全体にとっての大問題をいつまでも隠し続けていることは、次の世代の若者たち、非業の死を遂げた愛する息子、ダニエルの世代に対する、われわれ大人たちの犯罪ではないかと思うに至りました。
ひょっとして私は暗殺されるかもしれません。しかし、上層部からストップがかかるまでの間は、できる限り知っていることを公表しようと決めたのです」

あとから博士の履歴を調べたら、すべて消されていた。国家機密に関わるようなことになると、このようなケースは珍しくないのだ。

このとき、すでにウルフ博士はガンに冒されており、数年後、表向きはガンという死因で命を落としている。諜報機関ではガンを装って暗殺するテクノロジーが、すでに完成しているといわれている。

そのウルフ博士はインタビューで、次の驚くべき重要証言をしてくれた。

○S‐4区域には地下30階に及ぶ巨大な施設があり、一般的に「グレイ」と呼ばれる身長の低い宇宙人たちと話をした。

彼らとの会話は絵文字を使ったが、主としてテレパシー交信のようなもので彼らと話ができた。

○彼らは「ゼータ・レティキュライⅠ・Ⅱ」という二つの連星から来ている。

○彼らの目的は地球人の研究である。

生物学的、社会学的にどのような生物なのか、彼らと人間の科学はどう違うのか、などを研究している。

○あるとき、彼らが私に金属片を一つくれた。

分析してみると、99・99パーセントという高純度のシリコンでできていた。0・1パーセントの地球外アイソトープ（同位元素）を持っていた。

○S‐4で宇宙人のUFOに似たものを製造しているのか、という質問には、秘密守秘義務に宣誓のサインをしたので答えられない。

しかし、これだけは言える。UFOに似た飛行物体のプロトタイプは完成している。

宇宙人のUFOの飛行原理は、UFOが空間を移動するのではなく、逆にUFOが空間を引き寄せる、というやり方である。

○エリア51とS‐4で行われている秘密のプロジェクトは、大統領さえまったく知らされていない。

○「オーロラ」という名で知られるSR‐33Aという航空機は、通常、液体メタンで飛行する。

だが、宇宙空間では反重力を使って飛ぶことができ、電磁パルス砲を搭載している。この秘密兵器は、月や火星へも行ける構造になっている。

さらに驚くべき情報がリークされた。

2013年7月のグーグルアースの衛星画像から、あることが判明した。エリア51の一角に巨大な三角形のピラミッドや、UFOらしき物体2機が存在していたのだ。しかも、ピラミッドにはエレベーターらしいものがついているように見える！

これに関して、イギリス人ハッカーのゲイリー・マッキノンが驚くべき情報をリークしている。

三角形のピラミッドは異星から派遣された地位の高い異星人、つまり、全権大使との特別な会見の場として建設されたものだ。しかも、すでに機能しており、会見に立ち会えるのは、政府から一任された超法規的特権階級の軍人と一部の科学者のみだという。

「ここでは、異星の技術供与と今後の共存共栄に関しての話し合いが持たれているはずだ」とマッキノンは言う。さらに、「その軍人や科学者の名前もわかっている」と言っているのだから、いずれ彼らの名前もリークされるかもしれない。

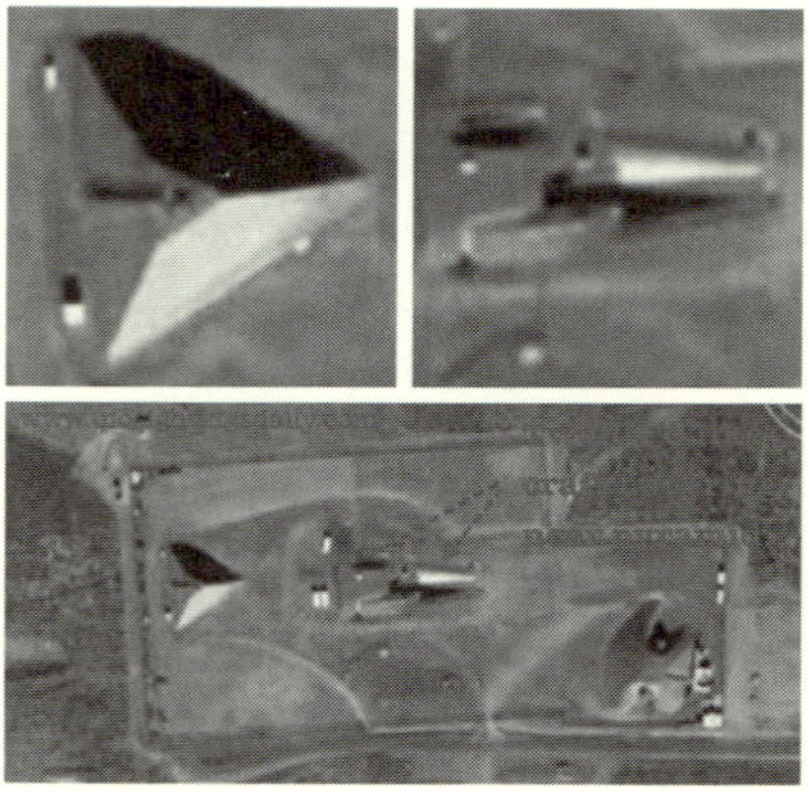

エリア51の巨大ピラミッドと2機のUFOらしき物体

ちなみに、このピラミッドの地下にはS‐4との連絡通路があるそうだ。

スタイリッシュな青いUFOらしき物体があったり、なぜか爆撃機があったりと、奇妙な点がいくつも見受けられる。また、外観上は何だか分からない巨大な施設が多数建設されているといわれる。車ごと地下に入っていける出入り口もある。奇妙なマークのモニュメントもあるのだ。

エリア51で作られていた地球製のUFO

1989年11月、ラスベガスのテレビ局KLASの「チャンネル8」で、2週間にわたってUF

Ｏ番組が放映された。その際、ロバート・ラザー博士が登場した。

彼はマサチューセッツ工科大学（ＭＩＴ）出身で、物理学と電子工学の二つの博士号を取得している。論文のテーマは「電磁流体力学」である。そのラザー博士が、

「自分はエリア51でＵＦＯの飛行実験に関与していた。エリア51には異星人から提供されたＵＦＯが９機あり、研究とテスト飛行が極秘に行われている」

という告白をして、全米に一大センセーションを巻き起こした。

電磁流体力学は「ＭＨＤ（Magneto Hydro Dynamics）」と呼ばれ、ＵＦＯのテクノロジーの一つである先進技術だ。プラズマに電磁場をかけると、それ自体がＭＨＤ（電磁流体）として独自の運動をするようになる。

ＭＨＤとしてのプラズマは、電磁場に制御されると同時に、電磁場を生み出す。特殊な磁場において圧縮されたプラズマは、ある臨界点を超えると一気に爆発し、衝撃波を伴ってエネルギーを発散させる性質がある。

ＭＨＤは、日本では超電動電磁推進船「ヤマト１」に用いられた。１９９２年6月16日、神戸港において、スクリュープロペラのない超電動を利用した電磁推進によって海上航行実験に成功したのだ。だが、あくまでもまだ実験段階といわれている。

ＭＨＤの開発は米国よりもロシアの方が進んでいて、アジャックスという航行機が有名だ。アジャックスには、従来のジェットエンジンとはまったく違ったシステムが採用されている。空

気を吸い込む吸気口に磁場（磁力線）をかけて電流を発生させ、同時に吸収した空気を加速して外に出すのだ。このシステムは大気圏内では空気を、大気圏外では空気の代わりにセシウムガスを使う。

機体のまわりにプラズマを発生させるので、レーダーにも反応せず、しかも空気との摩擦がない。**最近、このタイプの航行機が頻繁に飛行実験をしているようだ。こうした技術はナチスではなく、宇宙人のテクノロジーで、ロズウェル事件のときに回収されたＵＦＯの機体から得た超テクノロジーの一環であると考えられる。**

時速10万kmのものから、ロシア製アジャックスのように70万kmくらいのスピードが出るものまであるらしい。

もう一つ、地球外からもたらされた可能性のあるものとして「元素１１５」がある。

先述のラザー博士は、「エリア51で飛行実験をしていたとき、ＵＦＯの原動力として元素１１５を使用していた」と証言しているが、実は、この元素は公式に発表されていない未知の元素なのだ。存在することはわかっているのだが、それは地球上にはなく、月面にあるのではないかと考えられていた。もしかしたら、アポロの飛行士たちも月から持ち帰っていたかもしれない。

私はかつてラザー博士に、ＵＦＯの推進原理の秘密を聞いたことがある。

博士の話の概略はこうだ。重力波には①量子的なものと、②自然界のものがある。元素１１５に陽子を衝突させると元素１１６に変換するが、不安定なため、崩壊して反物質を生成する。この反物質の反応を電気エネルギーに変換して重力波①を増幅する。

ＵＦＯの底部の重力増幅機で目的地点に収束して出力を上げると空間が歪む。このとき、重力発生装置のスイッチを切ると、光速の数十万倍の速度で瞬間移動するという。

ＵＦＯが遅い速度のときは、ＵＦＯ底部の３個の重力発生機が出す３つの重力波に乗っている状態なので、不安定にフラフラと揺れる動きをするという。

元素１１５はオレンジ色をしていて、これが２３０ｇあれば、１機のＵＦＯを20〜30年間は飛ばすことができる。ところが、エリア51にはなんと元素１１５がその１０００倍以上の２５０kgも貯蔵されているというのだ。

宇宙人の存在を恐れる組織、ＣＡＢＡＬ

私はエリア51に関してマイケル・ウルフ博士に取材したときに、こんな話も聞いている。

「実は軍の内部に二つの勢力があるのです。一つは、宇宙人と友好的な外交関係を結び、彼らの持つ優れたテクノロジーを譲り受けようと考える平和的なグループ。もう一つは、『ＣＡＢＡＬ（ケイバル）＝陰謀』と呼ばれる恐ろしいグループです。彼らは軍の内部でもタカ派として知られ、宇宙人の存在を恐れて撃墜しようとする人々なのです」

ウルフ博士はさらに話を進めた。

「ＭＪ‐12は一般大衆から、ＵＦＯと宇宙人に関する情報を隠蔽するために組織された、秘密の特別委員会です。初期のＭＪ‐12はその名称の示す通り、12人のメンバーで構成されていましたが、いま（取材時）は3倍の36人にふくれ上がっています。

ヘンリー・キッシンジャー元国務長官と、水爆の父と呼ばれるエドワード・テラー博士、それに、1977年に亡くなったＮＡＳＡのフォン・ブラウン博士もメンバーでした。ちなみに、ＭＪ‐12は現在『宇宙問題特別委員会』と名前を変え、存続しています。

私は当時、ＭＪ‐12に命じられ、宇宙人に関する研究グループ、アルファコム・チームのリーダーを務めました。そのメンバーの中には海軍情報部の提督も含まれていましたが、上司に当たる将軍たちの中に、宇宙人の存在を異常に恐れる人物がいたのです。

その将軍は宇宙人の持つ、われわれの科学をはるかに超えた超テクノロジーと、人間には想像もつかない超常的な能力を恐れました。〝このままいけば、いつか宇宙人が攻めてきて、われわれ人類を滅ぼすかもしれない〟と。疑心暗鬼にかられた将軍は、同じような考えを持つ軍の高官たちを集めて、『ＣＡＢＡＬ』をひそかに組織したのです。

彼らは過激論者であり、ファンダメンタリスト（聖書の記述をすべて正しいとする主義者）であり、人種差別主義者であり、偏執的な人々の集団です。そして、宇宙人を恐れるあまり、宇宙人を憎悪するようになっていったのです。

現在、ＣＡＢＡＬは大統領や議会の承認もないまま、ひそかにＳＤＩ（スターウォーズ計画）を支配しています。

ＳＤＩは、宇宙に配備した、数多くの軍事衛星のネットワークシステムですが、表向きには仮想敵国に対する対抗手段として開発された宇宙防衛構想の一つということになっています。

仮に、もし、ある国が大陸間弾道弾を打ち上げたとすると、宇宙空間に配備された軍事衛星がいちはやくこれをキャッチし、その情報を司令部に送る。そして、コロラド州のシャイアン・マウンテンをくりぬいてつくられた巨大な軍事施設『宇宙航空防衛司令部』が、ただちに核兵器を積載した攻撃機を発進させ、地下のサイロ（格納庫）から大陸間弾道弾を地上へ押し上げて配備する。と同時に、ＳＤＩの攻撃衛星に指令を発して、敵のミサイルを撃ち落とすのです。

このＳＤＩで使われる武器は、一般には知られていないレーザー砲や粒子ビームといった秘密兵器です。

それらのテクノロジーは宇宙人から得ているのです。ＣＡＢＡＬは、宇宙人を地下の秘密施設に幽閉して、脅したりすかしたりしながら、彼らのテクノロジーを取り上げ、それを逆に対宇宙人用兵器としてＳＤＩに使おうとしているのです。

また一方では、**宇宙人の存在を一般大衆から隠すために、ＵＦＯ研究家たちを使って、ディスインフォーメーション（ニセ情報）を流したり、真実に近づきすぎるＵＦＯ研究家の悪評を流し、おとしいれて破滅させたりしています。**

アメリカのある有名なＵＦＯ研究団体はＣＡＢＡＬのコントロール下にあり、カナダのあるＵＦ

O研究家はＣＡＢＡＬから報酬をもらって、ほかのＵＦＯ研究家たちを妨害するのに協力しているのです」

博士によれば、一般に流されてくるＵＦＯ情報に混乱をもたらしているのが、宇宙人に対する平和グループと、この好戦的なＣＡＢＡＬとのせめぎ合いによるものだという。あるときは真実の情報が流され、またあるときはニセ情報が流される、といった具合に、一般の人々にはどれが本当で、どれがウソなのか、区別がつかなくなるように仕組まれているのだ。

ウルフ博士が暴露した、ＣＡＢＡＬの戦略とは次のようなものだった。

「①ロシアを敵国と見なす。
②『テロリストが敵』だと演出。
③第3世界の怒りを演出する。
④小惑星衝突のための対抗兵器を備える（ＳＤＩ）。
⑤宇宙人侵略の対抗兵器を備える（ＳＤＩ）。
⑥宇宙人との戦争を演出（ホログラムによる3次元映像を見せる。ＣＡＢＡＬの反重力機をＵＦＯのように見せる。テキサス州ステファンビルに現れた巨大ＵＦＯは、実はＣＡＢＡＬの反重力機である）。
⑦全世界に戒厳令を敷き、地球をコントロールする」

イギリス人ハッカーが暴露した、ペンタゴンの最高機密

２００５年、イギリス人ハッカーのゲイリー・マッキノンがイギリスのハイテク犯罪捜査班に逮捕されるという事件が起こった。

２０００年から約2年間にわたり、ジョンソン宇宙センターや極秘宇宙ラボに侵入していたが、あるとき、データのダウンロードに手間取り、ハッキングがばれたのだ。

「アメリカ政府が隠し続ける異星人の宇宙船の証拠写真を入手するため」

彼は保釈されると、マスコミに侵入目的をそのように告白した。

さらに、２００６年6月、ロンドンで行われた「プロジェクト・キャメロット」によるインタビューの中で、彼は衝撃的な事実を明らかにした。同プロジェクトでは、ビル・ライアンとケリー・キャシデイという男女2人が、さまざまな内部告発者たちや研究者たちにインタビューしてきたものを動画にまとめている。

イギリス人ハッカーのゲイリー・マッキノン

○米軍が墜落したＵＦＯを回収し、異星人が使っていた反重力装置に使用されるフリーエネルギーを得ている。

○ジョンソン宇宙センターの第8ビルの中では、人工衛星が撮影した画像に映っているＵＦＯをエアブラシで消す作業が常時行われている。

○ハッキング中、消される前のＵＦＯが映った画像を見た。

宇宙船は、明らかに人類が造ったものではない。それは、人工衛星のように地球の軌道上にあり、形は葉巻型。

半球形のドームが機体中央の上下左右についており、継ぎ目やリベットといった人工物にみられるような痕跡は一切なかった。

○20～30人くらいの「地球外将校（Non -Terrestrial Officers)」リストを発見した。

その部隊名は、ウェブ上や公式の陸軍文書のどこにも見当たらないものだった。

船から船、艦隊から艦隊への移動者リストもあった。しかし、船名も艦隊名も米国海軍に存在しない名称だった。

○ＤＡＲＰＡ（Defense Advanced Research Projects Agency）＝アメリカ国防総省内部部局の国防高等研究計画局における現在、およびここ数年の論文の中の、政府や宇宙統括部隊に関する内容は、すべて宇宙の支配についてのものだった。

これらの資料をもとに、マッキノンはこう答えている。

「地球外の宇宙海兵隊がもうすでに存在していて、彼らは最後のフロンティアである宇宙を支配しようと、ひそかに宇宙軍を創設しようとしているのではないか。その技術には、たぶんＥＴからのリバース・エンジニアリングで得たテクノロジーを使うのだと思う」

リバース・エンジニアリングというのは既存の製品を解体・分解して、仕組みや構成部品、技術要素などを分析する手法のことだ。つまり、墜落した宇宙人のＵＦＯの残骸から得たテクノロジーを使っているということだ。

第4章でも述べたが、ディスクロージャー・プロジェクトの中で、ドナ・ヘア（ＮＡＳＡの画像科学者でジョンソン宇宙センターの第8号館で極秘情報を扱えた人物）が、「当時、第8号館の部署で定期的にＵＦＯの画像をエアブラシで処理していた」と証言している。まさにマッキノン情報とぴったり符合しているのだ。

また、マッキノンは「ゼータ・レティキュライ（Zeta Reticuli）星人と米国政府が交信している証拠を発見した」とも言っていて、証言のなかにある「地球外将校リスト」は、先に述べた「プロジェクト・セルポ」における地球人と宇宙人の交換留学の事実を裏付けるものと言えるだろう。

ちなみに、一連のマッキノンの暴露の内容をＮＡＳＡはすべて否定している。

米国は裁判を受けさせるために彼を引き渡すように要求していたが、英国政府は彼が「アスペルガー症候群（自閉症の一種）」であることを理由に拒否した。また、マッキノンを調べた精神科医は、「彼が米国に送られた場合、自殺の可能性がある」ともコメントしている。

彼は現在、イギリス政府に守られているようだが、２０１3年になってから、エリア51に関する新たな情報をリークした。

ＮＡＳＡは発足時から月面や火星の構造物を知っていた

アメリカ空軍にはかつて、**公式のＵＦＯ研究部門「プロジェクト・ブルーブック」**があった。

１９４８年から１９６９年まで、未確認飛行物体に対する調査を行った。

１９６７年にはコロラド大学のエドワード・コンドン教授を中心とする**「コンドン委員会」にＵＦＯに関する調査を依頼。**軍ではなく、物理科学、社会科学の専門家による大学をベースとした調査であった。

しかし、委員会は内部分裂、方法論をめぐる争いなどにより、ほとんどの問題を明らかにできなかった。その結果、「ＵＦＯが地球外からやってきたという説には、なんの証拠も認められない」という結論に達した。

その後、コンドン委員会は解散している。

ＮＡＳＡは、表向きはこのコンドン委員会の報告を受けて、「ＵＦＯに関する調査研究は一切していない」という態度をとってきた。しかし、真実はまったく違う。

実はＮＡＳＡを設立するにあたり、宇宙開発ではどのようなことを考慮すべきかについて詳細に研究した報告書がある。それが、「ブルッキングス・リポート」だ。私の手許にはそのコピーがある。

ワシントンＤＣにある、当時最高のシンクタンクの一つ「ブルッキングス研究所」が、１９５８年、ＮＡＳＡの前身母体の依頼を受けて提出した報告書だ。その後２年間、このリポートは隠されていたらしく、米議会下院に提出されたのは１９６０年になってからだった。

その215ページに、以下のような非常に興味深い記述がある。

「地球外の知的生命体と遭遇することは、あと20年間は発生しないだろう。が、今後のNASAによる月や火星、また金星に関する宇宙探査が行われた場合、そのプロセスにおいて、地球外知的生命体が建造した過去の構造物が発見される可能性がある」

リポートは、さらに重大な問題にまで言及している。

「人類の歴史を振り返ってみると、ある文明がまったく異なった高度な文明と遭遇した場合、重大な危機に陥ってしまったケースが多い。したがって、もし地球外知的生命体と遭遇した場合は、それが世界に及ぼす影響をよく考慮したうえで、情報をいかに操作するかが問題となる。

地球以外に知的生命体が存在すると公表した場合、信心深く宗数的な人々、非科学的な思考性向を持つ人々の集団が最も危険だと考えられる。このような集団が、いかなる情報に敏感に反応するのかを考慮しなければならない。

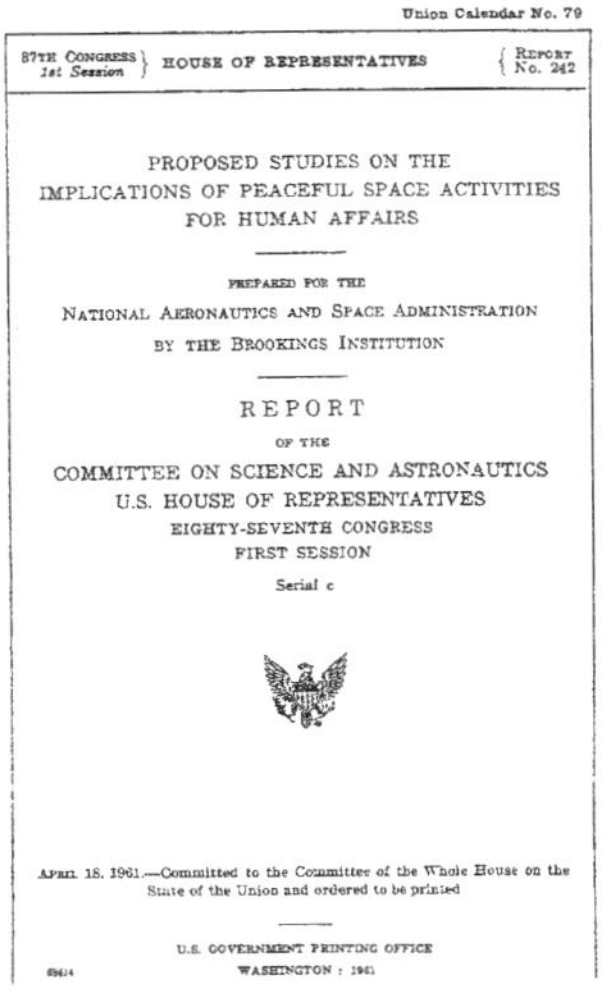

Union Calendar No. 79

87TH CONGRESS 1st Session } HOUSE OF REPRESENTATIVES { REPORT No. 242

PROPOSED STUDIES ON THE IMPLICATIONS OF PEACEFUL SPACE ACTIVITIES FOR HUMAN AFFAIRS

PREPARED FOR THE NATIONAL AERONAUTICS AND SPACE ADMINISTRATION BY THE BROOKINGS INSTITUTION

REPORT OF THE COMMITTEE ON SCIENCE AND ASTRONAUTICS U.S. HOUSE OF REPRESENTATIVES EIGHTY-SEVENTH CONGRESS FIRST SESSION

Serial c

APRIL 18, 1961.—Committed to the Committee of the Whole House on the State of the Union and ordered to be printed

U.S. GOVERNMENT PRINTING OFFICE WASHINGTON : 1961

69414

『ブルッキングス・リポート』の表紙

彼らにとっては、地球外に知的生命体が存在することばかりか、それらが建造した構造物といえども脅威でしかない。このことは、科学者や技術者にとっても同じことで、人類が万物の霊長であるとする概念を出発点としている限り、われわれよりもはるかに高度で、しかもまったく異質の文明に接することは危険なのだ」

ＮＡＳＡは発足したときからすでに、地球外の惑星で知的生命体による建造物が発見されることを予測していたのだ。つまり、月へ向かったアポロをはじめ、火星無人探査などは、けっして科学的調査などではありえない。それらに残されている宇宙人の建造物を発見して、超科学的テクノロジーを得るためとしか考えられないのだ。

そう考えると膨大な費用とアメリカという国の威信を賭けてまで宇宙開発に乗り出した真の理由も分かる気がする。さらに、そうした地球外文明と出会うこと自体、われわれの文明が崩壊することになるかもしれない、と憂慮していた。

これこそ、ＮＡＳＡが宇宙開発の過程で得られるさまざまな情報を隠そうとする理由なのだ。

世界各国の民間企業は、世界の宇宙技術の粋が集められているＮＡＳＡに技術者を送り込んでいる。

これまで、ＮＡＳＡは西側で唯一、宇宙開発を一手に引き受けてきた組織だった。だから、すべての宇宙空間の情報を独占し、コントロールできる立場にあった。

公表された月面のスチール写真やビデオ映像は、「撮影されたもののたった１パーセントにも満たない」といわれており、その大半が未公開のままである。

元宇宙飛行士で有名な科学者でもあるブライアン・オリアリー博士は、

「ＮＡＳＡばかりでなく、すべての政府機関がＵＦＯと宇宙人に関する情報を隠していることは、

よく知られています。それは、彼らがＵＦＯや宇宙人の存在をけっして否定しないことでもわかります。

質問しても無視するだけで、絶対に否定しない。これは宇宙飛行士たちが遭遇したという、数々のＵＦＯ事件についても同様です」

と語っている。

この広大な宇宙に、知的生命体がいるのは地球だけだと考える科学者はもういない。むしろ、別の惑星にも知的生命体は存在する、というのが通説なのだ。ただし、そうした宇宙人が地球に来ているということについて、科学者たちはなぜか認めたがらない。

しかし、２０１３年11月には国営ラジオ局「ロシアの声」が、米国の天文学者らの分析から「全宇宙には地球に似た惑星が88億個ある。それらは大きさ、重さ、地表の温度が地球と似ている可能性があり、天体の５つに１つが潜在的に居住可能な惑星である」と伝えているのだ。つまり、驚くべきことに恒星のまわりの惑星の５つに１つには、生物がいる可能性があるというのだ。

ＮＡＳＡは月への有人飛行の際には、月を汚染しないために月面へ持ち込むすべてのものを消毒する。そして、月から持ち帰ったあらゆるものは、地球に未知の菌を持ちこまないよう、一つ残らず消毒するほど用意周到だ。

ＮＡＳＡの宇宙飛行士が宇宙空間で、宇宙人の乗り物であるＵＦＯに出会う可能性だってあるだろう。もし出会ったとして、一つ対応を誤れば、人類が絶滅させられる危険性すら考えられる。

おそらく、宇宙飛行士が授けられるマニュアルには、次のようなことが入念に記されているだろう。

①ＵＦＯと遭遇した場合、どうすべきか。
②事実を大衆に隠すために、どのような措置をとるべきか。
③情報をいちはやく、限られたＮＡＳＡの上層部に知らせるには、どうすべきか。
④その上層部からの指示に従って何をすべきか。
⑤宇宙での出来事に関する守秘義務。
⑥ＵＦＯおよび宇宙人などに関する暗号……。

宇宙飛行士と地上との通信回線は二つある。通常の回線とは別に「生物学的チャンネル」といわれる特別な回線があるという。

このチャンネルは、宇宙飛行士の個人的な生理現象を通信するもので、プライベートな事柄のため、秘密になっている。

しかし、これはおそらく表向きの理由であり、少なくとも、一般に知られては都合の悪い秘密事項が、この回線を通して行われるだろうことは、容易に想像できる。

宇宙飛行士は宇宙人から見れば、人類の代表である。本書で紹介する宇宙人との数々のエピソードから考えても、これまでに宇宙飛行士と宇宙人の接触はすでにあったと考えた方が自然だろう。

だからこそ、大半の宇宙飛行士は一様に口をつぐんで、宇宙空間での出来事を話そうとしないのではないだろうか。

にもかかわらず、NASAがひた隠しにする情報や写真がときおり洩れてくる。それは、あまりにも膨大な資料があり、すべてを管理しきれないからだ。

そのうえ、NASAはいろいろなハイテク企業が参加する寄せ集め所帯なので、十分に末端まで通達が行き渡りにくい。

また、事実を大衆に知らせるべきだという義務感を持つ人々が、身の危険を顧みず正義感から情報をリークするケースもあるのだ。

アポロは月に行ったのか

アポロが持ち帰った月の石を調べた早稲田大学の大槻義彦教授が、「地球の石と何の変わりもなかった」とテレビで憤慨していたことがある。

実は、オーストラリアのクイーンズランド工科大学が、旧ソ連の無人探査機ルナ16号が1970年に収集した月の石を調べてみたらしい。直径約100ミクロンの粒子でも、月面に衝突すると、その衝撃で月の岩の一部が融解《ゆうかい》し、ガラス質の泡が形成されるという。それに対して、地球上では通常こうした泡の内部には気体が入っているそうだ。

同大学では旧ソ連の月の石にあった、ガラス質の泡を特別なタイプのX線顕微鏡分析したところ、「見たこともないようなナノサイズのガラス質微粒子が多孔質の網の目のように結びつき、泡の内部全体に広がっていた」という。

一方、アポロが持ち帰った月の石を調べてみると、地球上に広く存在する玄武岩と同じで、見かけも特性もまったく同じだったという。

アポロ計画において、アポロには小さなサイズのコンピュータしか載せられなかった。アポロ11号では、そのコンピュータはオーバーロードしてしまったので、アームストロングは「すべて手動で着陸させた」と語っている。

実際、着陸船が垂直に降りるのはいまでも難しいのだ。月はもちろん、地球上でも難しく、垂直飛行のオスプレイがよく事故を起こして問題になっている。

着陸船は下降するとき、いくつかの噴射孔からガスを出すのだが、その一つひとつの噴射孔から出る噴射ガスが平均的に同じ強さでなければどちらかに傾いてしまう。それを手動で補助の姿勢制御用噴射孔を使って、高速で落下する宇宙船を、まったく傾かないようまっすぐに着陸させたというのは信じ難い。

初めて着陸するという緊張感。さらに、「着陸したときには、あと数秒分しかガスが残っていなかった」という状況もある。それにしては、宇宙飛行士たちのヒューストン管制センターとのやりとりは非常に落ち着いたものだった。

「3m、2m、1m……着地……」などと、まるで静かなスタジオで録音したかのような落ち着いた声だ。本当に月に行っているとしても、あの部分は差し替えにちがいないと私は考えている。

宇宙飛行士たちは逆噴射しているエンジンと燃料タンクの上に座っている。月面は真空で音が伝わらないのでロケットの外は静かだとしても、船内はエンジンの噴射音でものすごくうるさかったはずだ。ところが、その騒音が通信の会話中、まったく聞こえないのだ。

録画してきた映像にも疑問がある。

宇宙飛行士たちがとった映像は記念写真のようなものばかりだ。お互いに撮影し合ったり、ピョンピョン跳ねているところを撮ったり、まるで「月に行ってきましたよ」という証拠を残すためだけに撮ったかのように。

本来は調査に行っているわけだから、月の石や砂はこんなものだ、というように周囲の環境を撮影するはずだ。しかし、岩などを遠くから撮影しているばかりで、石とか砂など、月面固有の物質のアップ映像すらないのだ。

月面に降りた宇宙飛行士2人の動画映像もあるが、ちゃんと2人がフレーム内に入るようにカメラを操作し動かしたり、ズームしたりしている。これを撮影しているのは、いないはずのもう1人が月面にいるか、ヒューストンによるリモコン操作しかないことになる。

だが、電波の速さでも、月と地球間は片道1秒半かかるといわれる。往復では3秒だ。そのロスをどうやったのか。

いまズームしようとしても、実際にカメラがズームするのは1・5秒後になる。その結果を確認できるのはさらに1・5秒後。つまり3秒後の姿を見ることしかできないのだから、宇宙飛行士たちが静止していないかぎり、タイミングよく撮影できないはずだ。

動画がみなフォーカスが甘くぼやっとした印象の画像が多いのに対して、静止画のスチールはどれも鮮明で、スタジオで撮ったかのように構図も決まっているし、照明もちゃんと当たっている。着陸船の陰になっている側にある、NASAのプレートだけがくっきり見えるカットもある。

宇宙飛行士の手袋の中には圧力空気がいっぱいに入っているので、ふくれている。だから、指は思うように曲がらず、フォーカスを合わせられない。常に同じ絞りで撮影することしかできないのだ。

フィルム交換も宇宙船内に戻ってからでないとできない。そんな条件であのようにきれいな写真は撮れないはずだ。

しかも、月は放射線が非常に強いのに、カメラには鉛のカバーもかかっていない。カバーがなければ、放射線の影響で写真に無数の真っ白な線が写り込んでしまうはずなのに、それもないのだ。ましてや、月へ着陸するにはヴァン・アレン帯を突っ切っているのだから、カメラは放射線だらけの環境にあったはずだ。

最近、月に着陸した宇宙飛行士の足跡が無人探査機の画像として発表されているが、私は可能性として二つを考えている。

一つは「アポロは実際に月へ行ったけれど、われわれが見た映像はあらかじめ用意されたスタジオ撮影のもので、本物の映像とすり替えられて同時中継に見せかけた。現地の映像は秘密の別回線で送られ、ひそかに録画された」というもの。もう一つは**「実はわれわれの知らない推進技術、つまり、重力制御技術がすでにアポロには搭載されていた」**というものだ。後者の可能性も大いにありえる。

１９４０年代、ドイツ敗戦前にナチスはすでに重力制御を完成しているのだ。アメリカはその技術を受け継いでいるのだから、アポロの時代には、すでに地球上を人工の円盤型宇宙船が飛んでいたと考えても不思議ではない。

ちなみに、プーチン大統領はかつてロシアの記者から「ＮＡＳＡのアポロ計画はやらせだったのでは?」という質問を受けたとき、肯定も否定もしなかったと伝えられている。

宇宙飛行士たちが目撃したＵＦＯと謎の構造物

宇宙飛行士によるＵＦＯの目撃例は、ＮＡＳＡの報告書に記載されているものだけでも数多い。主なものをピックアップしてみると以下の通りだ。

○１９６５年６月３日、ジェミニ４号の宇宙飛行士ジム・マクデビットが「腕」と「アンテナ」を持つ楕円形の物体を目撃。

○１９６５年８月24日、宇宙飛行士ゴードン・クーパーとチャールズ・コンラッドの乗るジェミニ５号のそばを飛ぶ、謎の物体を地上のレーダーが捕える。

○１９６５年12月４日、ジェミニ７号のフランク・ボーマンが、未確認物体を発見したと報告。

○１９６６年７月18日、ジェミニ10号の乗組員、マイケル・コリンズとジョン・W・ヤングが、５機の謎の物体がジェミニと同じ軌道上を飛行しているのを発見。

○１９７３年９月20日、スカイラブ２号に乗り込んだ２人の宇宙飛行士が、巨大な星型に光る、明らかに天体とは別の謎の物体に遭遇。

ＵＦＯ研究家Ｇ・フォーセットの調べでは、過去16件、ＵＦＯがＮＡＳＡの宇宙飛行士によって目撃されたことが判明している。しかも、年代を見てもわかるように、はるか以前からＮＡＳＡはＵＦＯ目撃の報告を受けていたようだ。

うっかりＵＦＯとの遭遇を認めてしまった宇宙飛行士もいる。「ＵＦＯを目撃した」といわれるジェミニ５号の乗組員、ゴードン・クーパー氏だ。

１９７８年、彼はあるテレビのニュースショー番組に出演して、「ＵＦＯはいるか」という質問に「いると思うよ」と答えたあと、**「ＵＦＯは常時、地球を訪問している」**と語ったのだ。だが、クーパー氏はその後、なぜか口を閉じ、取材拒否を続けている。

アポロ11号にも同様の目撃例がある。以下は、私がロシアのウラジミール・アジャジャ博士に取材したときの情報だ。

「実は、アメリカの打ち上げたアポロ11号が、途中の宇宙空間と月面とでＵＦＯに遭遇していたことを、私どもは盗聴によって知っていたのです」

アポロ11号といえば、米ソ冷戦の時代。当然、ソ連側は秘密回線といわれる「生物学的回線」を含め、すべての通信を傍受していたにちがいない。アジャジャ博士は、

「アポロ11号は打ち上げ直後から、全長１５００ｍもの巨大な円筒型ＵＦＯに追跡されていたのです。はじめ乗組員たちは、それをサターン５型ロケットだと思っていました。ところが、その物体が、アポロを追い越していったのです。乗組員の驚きの声が聞こえました。

そして、月面着陸に成功したとき、アームストロング船長とバズ・オルドリン宇宙飛行士は、すでに着陸している数機の円盤を見たのです。アームストロングは興奮のあまり、ＵＦＯを示す暗号『サンタクロース』を使うのを忘れて、〝ああ、なんてこった。やつらは、もう来ている！〟と叫んでしまった。オルドリンが、この一部始終をカメラに収めたはずです。

ヒューストン管制センターは、飛行士たちに〝外に出るな。こちらから許可があるまで船内に待機せよ〟と指令しました。ところが、アー

インタビューに答えるバズ・オルドリン

ムストロングはその許可が出ないうちに外に出てしまった。

実際に船外に出てよいという許可が出たのは、5時間もあとでした。NASAはそれほど、宇宙人に対して慎重だったようですね。無理もありませんが……」

と語った。

となるとアームストロング船長は、UFOの近くまで行ったのだろうか。それについてはアジャジャ博士は否定した。

「そこまでは無理だったようです。いずれにしても、彼は命令違反をしたわけで、帰還後、NASAから宇宙飛行士のミッション（役目）を外されたと聞いています」

このとき、NASAのヒューストン管制センターでも、アポロ11号からの交信回線に、原因不明のサイレンのような怪音が大音響で鳴り響くという事件が起こっている。管制官たちは、大騒ぎになって原因を突き止めようと躍起になったが、ついにわからずじまいで、そのうち怪音は自然に鳴り止んだ。

また、アポロ船内に熱線のようなものが放射されたらしく、乗組員からの「熱い、熱い」という交信も入っている。これも原因不明のまま、いつのまにか現象は収まっている。

後日、オルドリンはテレビインタビューでその時撮影したUFOの映像を見せながら、こんなコメントをした。

「アポロ11号のすぐそばに変なものがついてきた。われわれは協議してヒューストンに〝ヘイ！

何かがついてくるが、何だろう?〃と言うのはまずいということになった。聞いている連中がUFOとかいう騒ぎにならないよう差しさわりのない質問の形にしよう。

そこで〝2日前に切り離したSⅣ-Bはいまどのくらいの距離にいるか?〃と聞いた。なぜそんなことを聞くのか? と勘ぐってくれるのではないか? と期待したからだ。だがヒューストン管制センターの答えは『SⅣ-Bは6000マイル離れた所にいる』だった。そんなに遠い所にあるものが見えるはずはないんだ。コリンズは双眼鏡で見て半月型のものが重なっているようだ、と言ったが私には楕円形の重なりのように見えた。私たちは帰還して詳細を報告するまでは、内緒にしておこうと申し合わせた」

マーズ・グローバル・サーベイヤーによって撮影された火星上のモノリス

オルドリンはこのテレビインタビューの後、しばらくして別のテレビ出演時に前言をひるがえし、「あれはSⅣ-Bだったかもしれない」と言ったが、強制された発言らしく、腹にすえかねたように「でも、**火星の衛星にはモノリス（映画『2001年宇宙の旅』に登場した月面上の縦長の石）がある**」と暴露している。

続いて、アポロ12号も、接近してきた巨大なUFOをはっきりビデオ撮影している。そのときの管制センターとの交信も含めてリークされた。関する交信記録も奇妙な点が多い。

飛行士「ヒューストン（NASAの管制センターのこと）、見えますか」

ヒューストン「見えるよ。まるで雪嵐のようだ」

飛行士「不思議な物体がたくさんいる!! 視界中に白い物体が飛び交っている。現在、月から1万5000フィートのところまで来ている。何か見えるけど、そっちでも見えますか？ こちらは機体の後部にある窓際にいます」

ヒューストン「まだ白い物体がいるようだが……こちらヒューストン、応答願います」

飛行士「いまはっきりと見えます。その物体はくるくると回転しています。バスケットボールの1.5倍ほどの大きさに見えます。いまもっとよく見えるところに移動中です」

ヒューストン「了解」

飛行士「聞こえますか、ヒューストン？」

ヒューストン「移動をした後、その物体からどのぐらいの距離にいるか、教えてくれないか」

飛行士「そちらで判断できるのではありませんか。後方部に伸びた部分が見えますか。両側にエンジンのようなものがついていますね。エンジンのようなところにラインも見えますか。なんて素晴らしい光景なんだろう。見えますか」

ヒューストン「ああ、見えるよ。移動終了時刻は11時40分」

アポロ宇宙飛行士たちが月面で見たものはＵＦＯだけではない。『それでも月になにかがいる』を書いたジョージ・Ｈ・レオナードは、その著書で興味深い事実を記している。

アポロ14号が月を回っている間、宇宙飛行士のアラン・シェパード、スチュアート・ルーサ、エドガー・ミッチェルの３人が写真を撮影したときの交信記録に、「岩棚までまっすぐクレーターに通じる通路」や「岩棚の真上に乗っている、高さ１６００ｍ以上の構造物」、「クレーター周壁の暗い部分から発する火炎」などがあるという。

また、１９７２年12月７日に打ち上げられたアポロ17号のロナルド・エバンス宇宙飛行士は、「地表の裂け目をふさぐ形で存在するドーム状の構造物や立体交差路」について報告している。このドーム状構造物については、アポロ16号のチャールズ・デューク宇宙飛行士も、「あのドームは本当に信じがたい。ドームの向こう側には構造物が谷間に入りこむようにせり出している。そのうちの一つは頂上に向かって登っている。北の谷間に向かってトンネルが延び、それは北に向かって30度東に傾斜している」と報告している。

さらにアポロ17号には、科学者であるハリソン・シュミット博士が宇宙飛行士として乗り込んでいたが、そのシュミット博士が月面からヒューストンに送ってきた報告には、「クレーターの壁をはい登っているトラック（英語では車の轍《わだち》を意味する）を見つけた！」という記録があるという。

いったい、アポロ飛行士たちは月面で何を目撃したのだろうか。

5万年前からすでにUFOは来ていた?!

驚くべきことに、米空軍大学の教科書には、UFOと宇宙人の存在についてはっきりと記述されている。物理学の教科書『宇宙科学序論』には、冒頭で「UFOとは、通常考えられない航空現象、または物体」と定義したあと、最後に「UFO現象は、5万年にわたって地球上で目撃されている…（中略）…あまりありがたくないことだが、宇宙人がわれわれの惑星を訪問している。少なくとも、**UFOは宇宙人によってコントロールされている可能性が高い**…（中略）…少なく見積もっても、**宇宙人は3～4種類いる**」と、明記されているのだ。

ちなみに、この教科書は存在が公になって以来、現在は使われていない。

現代人の祖先といわれるクロマニヨン人が棲息したのが、およそ1万年前。もちろんそれ以前には、文字も記録もない。にもかかわらず、「5万年前にすでにUFOが来ていた」という情報は、どこから得たのだろうか。

また、「宇宙人が3～4種類いる」という記述があるが、それらの根拠がまったく示されていない。「5万年」にしても「3～4種類」にしても、数字を特定している。となると確かな根拠があるはずで、宇宙人との直接接触か互いの通信が成功しているとしか考えられない。

いやしくも、空軍の士官候補生の教科書である。でたらめの記述を載せるわけがない。

教科書は、外部に漏れる可能性がある。空軍は確かな根拠や情報をつかんだうえで、概要だけ教科書に書いたのではないか。詳しい事情はおそらく教官が直接、口頭で講義することにしたのだろう。

「宇宙人の種類が4種類だ」と明言した文書はほかにもある。

元NATO欧州最高司令部に勤務、SHAPE（Supreme Headquarters Allied Powers Europe）の一員だったロバート・ディーン氏の目に触れた機密文書の中にも、**「宇宙人は4種類いて、そのうち1種類は人間そっくりのタイプである」**と書かれていたという。

では、その宇宙人のタイプをわかりやすく、3つに分類してみよう。

① 実体のある宇宙人が、実体のあるUFOで来るタイプ

肉体を持った宇宙人は、前述のようにさまざまなタイプが報告されている。彼らの乗り物とされる、UFOの大きさや形も千差万別だ。

直径10㎝程度の小さな円盤から、長さ数十キロ、地球の直径を上回る巨大な葉巻型、地球の直径の4倍もあるという、土星の輪の中に滞空しているのが確認された葉巻型や太陽のそばに出現する地球の10倍のUFOなどがある。

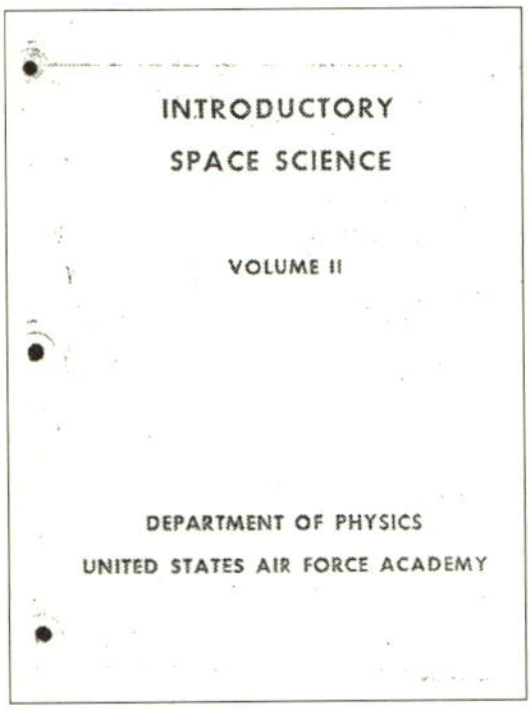

これが米空軍大学の教科書の表紙だ！

形も、葉巻型、球型、土星型、三角型、ドーナツ型、ブーメラン型、タマゴ型に加えて、最近ではエジプトのピラミッドと同じ形をしたものが多く見られるようになった。

ピラミッド型が最初に発見されたのはロシアのクレムリンの上空で、かなり大きく、何時間も滞空していたので、１００人以上の人が携帯電話のカメラで撮っている。ピラミッド型巨大ＵＦＯの中から、小さいＵＦＯが出たり入ったりしている場合もあり、ロシアや中国、トルコでビデオに撮られている。

②別の次元からやってくるもの

別の次元から来て、３次元の世界に入ったときに３次元化する、というタイプだ。

われわれの住んでいる世界は３次元なので、ありとあらゆるものが３次元の振動数（周波数）で振動している。しかも個々に、微妙に異なる振動数を持っている。

別次元からやってくるタイプのＵＦＯは、当然、別次元の周波数をもって振動している。それが、高度なテクノロジーによって、地球でいえば３次元に周波数を合わせることができるようだ。

ＵＦＯが３次元への次元変換を行ったとき、３次元の世界から見ると急に現れたように見え、もとの周波数に戻ったときは瞬間的に消えて見えなくなる。このような現象はそうした原理で説明できると考えられる。

③視覚的には見えないが、人間の脳波に間接的に映像を見せるタイプ

脳が認識しなければ、物は見えない。目では見ていても、脳がそれに見合う記憶を持っていない

ためだ。

これとは逆に、目では見ていなくても脳波に映し出す技術がある。ホログラム（レーザーを使って記録した立体画像）や、３Ｄ映像を見ているようなもので、ホログラフィック（立体的）に見せることができる。

ＵＦＯや宇宙人を誰かといっしょに見ても、見える人と見えない人がいる場合があるが、宇宙人が人のテレパシーを受け取って、「この人には（ＵＦＯを）見せてやろう」と思って見せているのかもしれない。

①で解説したＵＦＯは実物、③のＵＦＯは映像という意味でタイプが違う。そのあたりの見分け方は難しい。

私見だが、最近はＵＦＯの形もありきたりのものでなく、新しい形にしようとしている狙いを感じる。もっと目を引くようにいろいろ工夫を凝らしているようだ。たとえばピラミッド型だったり、大編隊を組んで現れてみたり。

さらに、③の技術は米国などではすでに実用レベルに達しているといわれている。その技術は何に使われるのか。

すでに湾岸戦争でテストされたともいわれている。たとえばイラク軍兵士たちの前の空中に巨大な神の像や超巨大なＵＦＯが出現する。それを見て戦意喪失する兵士たちも多いことだろう。

アイゼンハワー大統領が宇宙人と会見した！

カリフォルニア州にエドワーズ空軍基地がある。現在はスペースシャトルが着陸する基地として有名だが、かつてはアイゼンハワー大統領がＵＦＯとそれを操ってみせる宇宙人に、ひそかに会見したと噂されているところだ。

私の手元に、そのいきさつを記した手紙がある。ロサンゼルスに住んでいた作家ジェラルド・ライトが、境界科学研究所の会長ミード・レーン宛てに出した書簡だ。

当時、エドワーズ空軍基地はミューロック乾湖基地と呼ばれていた。

「1954年4月16日　カリフォルニア州サンディエゴ　ミード・レーン殿

私はいま、ミューロック基地から帰ってきたばかりですが、これからお話しすることは事実です。……（中略）……私は、これほど多くの人々の世界観が決定的に崩れ、混乱状態に陥っているのを見たことがありません。別の世界からやってきた飛行物体が真実だと知って、すべての科学的、政治的意識が変わらなければならない苦痛と直面したからです。

2日間、私は5機の、それぞれ独特の形をした宇宙船が、空軍の一員によって調査され、操縦されているのを見ました。しかも、それは〝エーテル人〟（手紙の主は、宇宙人という代わりにこのような表現を使っている）の助けと許しのもとに。

このとき私が受けたショックは、どう言い表していいか、表現のしようがありません。歴史的な大問題と言えるでしょう。すでにご存じのように、アイゼンハワー大統領も、パームスプリングスでの滞在中に一晩、ミューロック基地に連れてこられたのです。

私は、大統領が当局の連中によるいざこざを無視して、ラジオとテレビを通じて、国民にこの情報を直接公開するだろうと確信しています。もしこの状況があまりに長く続くなら、5月の中頃には発表できるよう、国民に向けての正式声明が用意されつつあるはずです……」

この手紙の信憑性がどこまであるかはわからない。しかし、手紙に出てきた人物で、このジェラルド・ライトという作家といっしょに一部始終を見たというエドウィン・ナース財務官、マッキン・タイヤー司教、そしてジャーナリストのフランクリン・アレン記者などは、実在の人物であることがわかっている。

1956年2月にホワイトハウスで撮影されたアイゼンハワー大統領（当時）。この3年前に宇宙人に会っていたことになる

では過去の記録から、パームスプリングスに滞在していたといわれる2月20日のアイゼンハワー大統領の行動を探ってみよう。

すると、なぜかゴルフ休暇で滞在していたはずの友人の牧場から、大統領は姿を消しているのだ。同行してきた記者団が何度電話を入れても、報道担当官のジェームズ・ハガティからの返事は「すべて順調で心配ない」というばかり。

挙げ句の果てに「大統領はステーキ・パーティーで、チキンの足を噛んでいるうちに、歯のキャップが一つポロリと取れてしまったので、急きょ地元の歯医者に行った」という説明がなされただけだった。

だが、実際は、「迎えに来た軍用ヘリにひそかに乗り込んで、ミューロック基地へ向かった」といわれている。そして、前出の書簡にある通り、宇宙人がUFOを自由自在にテレパシーのような精神感応力で操ってみせるのを目撃し、非常なショックを覚えたという。

アイゼンハワー大統領は、CIAをはじめとする当局者たちが止めるのも聞かずに、この事実を一般大衆に公表しようと決意し、その声明文まで書く準備をした。しかし、ついに説得され、思い止まった、といわれる。

ちなみに、エリア51や秘密基地「S-4」に関してマイケル・ウルフ博士に質問をしたときに、博士は、このエドワーズ空軍基地の地下深くに、「ヘイスタック空軍研究所」という秘密の施設があると語っていた。

「厚さ90㎝のコンクリートの壁に、数多くの電線が張りめぐらされている。**捕まえて監禁していた宇宙人は、自分をテレポートさせる能力があったため、強力な電磁場をつくり、消えることも、逃げ出すこともできないようにしていた**」と証言した。

秘密の四大国巨頭会談とレーガン、ゴルバチョフ発言

１９５４年2月20日。アイゼンハワー大統領が宇宙人と会見してから、ちょうど1年後。

なんと、国家の政府や軍の高官が、「ＵＦＯは宇宙人の乗り物である」ということを公式に認め、公の場で堂々と発言しているのだ！

第二次世界大戦から１９４７年まで米軍の参謀総長を務めた国務長官ジョージ・Ｃ・マーシャル将軍は、１９５５年になって、報道機関に対して次のような発表を行った。

「合衆国当局は、以下の真実を確認した。空飛ぶ円盤は地球外から来た宇宙船であり、これらの訪問者たちは、着陸してわれわれと直接接触を行う前に、地球の大気中で呼吸し、生存する方法を模索している」

第二次世界大戦の終戦時、連合国最高司令官として来日したマッカーサー元帥も、宇宙人の侵略とその脅威を米国民に訴えている。１９５５年10月8日付の「ニューヨークタイムズ」に、彼の談話が掲載されている。

「我が国民と世界中の人々は一体となって、来たるべき惑星間戦争に備えるべきである。地球上の国々は、いつの日か、他の惑星からの攻撃に対処しなければならなくなるだろう」

また、１９６２年にもマッカーサー元帥は米陸軍士官学校卒業生に対する講演で、

「われわれはいま、無限の宇宙と、そこに潜むはかりしれない敵に立ち向かおうとしている。すなわち、宇宙のエネルギーをコントロールすること。および他の惑星からやってきた忌まわしい種

族たちとの戦争である。次に来たるべき戦争は、地球上の国と国の間に起こる第三次世界大戦ではない。考えられるのは、星と星との間の戦争なのだ。地球の世界のすべての国民は、一致団結してこれに当たらなければならなくなるだろう」と語っている。

１９５５年といえば、米・英・仏・ソ四大国巨頭会談にまつわる奇妙な報道があった年だ。

１９５５年7月18日、ジュネーブにおいて米・英・仏・ソによる巨頭会談が行われたのだが、表向きのテーマは「自由主義国と社会主義国の緊張関係の原因」について話し合うというものであった。米国は緊張関係の原因解明に焦点を絞り、ソビエトはその議論のあとに軍縮を進めるための具体案を提出。イギリスはドイツ統一案の修正案を、フランスは東西交流の促進案を提出したという。

しかし、不思議なことに、この四大国巨頭会談の結果については、ほとんど報道らしい報道がなされなかった。緊張緩和について話し合ったという程度の発表しかされていないのだ。

公式の発表の不足を埋めるかのように、当時、次のような裏情報が飛び交った。

「この会談には実は裏があり、米英仏ソ各国が宇宙人への対処の方法を話し合ったのではないか。米国一国だけでは持てあますような大きな難題が降りかかってきたため、英仏ソなどとの大国間で協議することによって乗り切ろうとしたのではないか……」

もちろん、これは裏づけのある情報ではなかった。ところが、それから数日後のAP電で、次のような驚くべき記事が配電された。日本では朝日新聞に囲み記事として報じられている。

「世界惑星協会ではこのほど、四大国巨頭会談を開くことに決定したのには〝秘密の理由がある〟

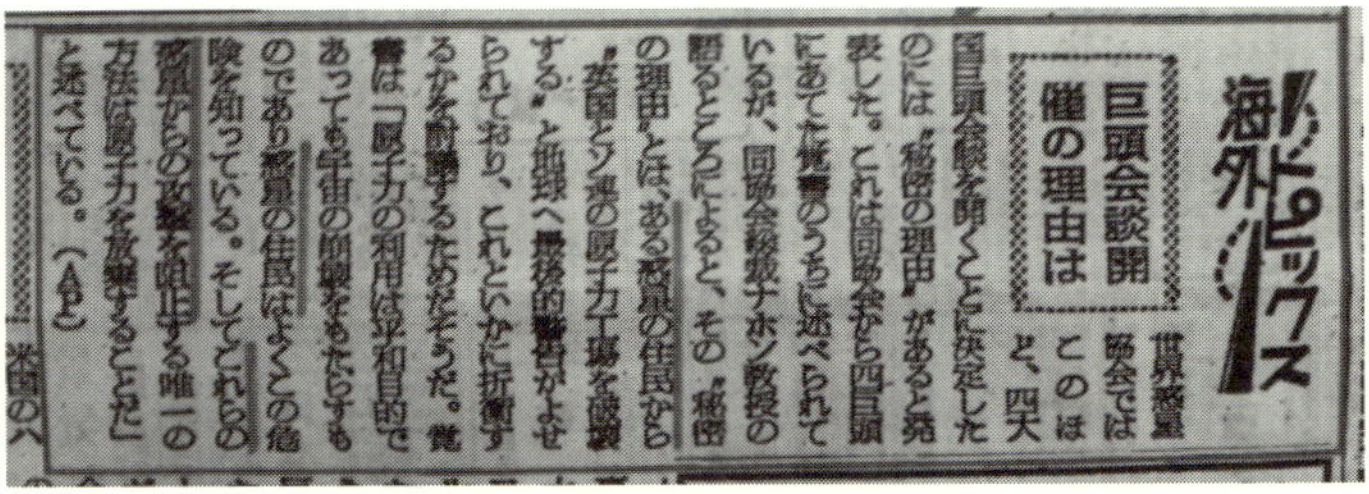

海外トピックス

巨頭会談開催の理由は

世界惑星協会ではこのほど、四大国巨頭会談を開くことに決定したのには“秘密の理由”があると発表した。これは同協会から四巨頭にあてた覚書のうちに述べられているが、同協会総裁ナホン教授の語るところによると、その“秘密の理由”とは、ある惑星の住民から“英国とソ連の原子力工場を破壊する”と地球へ最後的警告がよせられており、これといかに折衝するかを討議するためだそうだ。覚書は「原子力の利用は平和目的であっても宇宙の崩壊をもたらすものであり惑星の住民はよくこの危険を知っている。そしてこれらの惑星からの攻撃を阻止する唯一の方法は原子力を放棄することだ」と述べている。（AP）

1955年7月18日付の朝日新聞記事（たま出版サイトより）

と発表した。これは同協会から四巨頭にあてた覚書のうちに述べられているが、**同協会総裁ナホン教授の語るところによると、その〝秘密の理由〟とは、ある惑星の住民から〝英国とソ連の原子力工場を破壊する〟と地球へ最後的警告がよせられており、これといかに折衝するかを討議するためだそうだ。**覚書は『原子力の利用は平和目的であっても宇宙の崩壊をもたらすものであり惑星の住民はよくこの危険を知っている。そしてこれらの惑星からの攻撃を阻止する唯一の方法は原子力を放棄することだ』と述べている」（太字は引用者による）

どこまで信憑性のある記事であるかは不明だが、1955年に政府や軍の高官が公式に発言している内容と一致しているだけに、かなりの真実味が感じられる。

そして1985年11月、スイス・ジュネーヴでロナルド・レーガンとミハイル・ゴルバチョフによる米ソ首脳会談が行われた。その席上、「宇宙からの脅威があったときに、米国とソ連は共同でこれに当たらなければいけない」とレーガンが発言し、ゴルバチョフも同意したという事実を公式発表している。

しかも、この発言は一度だけではない。

ひと月後の12月には、レーガンが米国メリーランド州にある陸軍士官学校で同じ内容の演説をしている。そして、ゴルバチョフも１９８７年2月にクレムリン共産党幹部大会で、同じ内容の演説を行っている。さらに、レーガンは１９８８年9月の第42回国連総会においても、同じ趣旨の公式発言をしているのだ。

この流れはＵＦＯ情報公開への布石だったのかもしれない。

２００９年10月、国際政治学者マイケル・Ｅ・サラ博士は２００８年初めに国連で開かれた、「三十ヶ国参加の地球外生命体の公式発表をめぐる秘密会議」の内容を暴露した。

同会議において、地球外生命体の公式発表に向けて、秘密の国連協定が結ばれたという。それは、

①世界中におけるＵＦＯ出現の継続（現れなければ公表しない）

②自由民主主義における社会不安を誘導しないための公開政策

これに沿って、米政府と国連は今後、どういう形でどの程度の内容を公表するか、詳細に協議しているという。つまり、三十ヶ国もの要人が、すでに公表の準備をしているという事実があるのだ！

第8章

独自取材が明らかにするナチスの闇と地底世界情報

TOP SECRET

欧米諸国の50年先の科学技術を持っていたナチス

「第二次世界大戦中のナチスドイツが、UFOを開発・製造していた」と言ったら、初めて聞く人には、ショッキングな話にちがいない。しかし、今日ではナチスがUFOの開発を含め、科学技術の面で最も進んでいたことは周知の事実となっている。

たとえば、「音響砲（サウンドキャノン）」という兵器。大音響を出す圧縮波を装甲車のような大型車に取りつけて、戦場の敵の兵士たち目がけて撃ち込む。衝撃波と耳をつんざくような大音響とで、心身ともにダメージを与えるものだ。

ナチスが開発した「音響砲（サウンドキャノン）」

また、「太陽砲（サンキャノン）」という兵器は、太陽光を一点に集めて照射する巨大な凹面鏡だった。これを車の上に積んで、上空を飛来する敵機目がけて照射するのだ。太陽光でパイロットの目をくらませると同時に、太陽光の強力な熱によって、飛行機のエンジンを作動不能にする性能を持っていた。

当時の飛行機はガソリンエンジンだったので、点火しないとエンジンが回らない。そこに目をつけて、強力な電磁波を送り込んで点火を妨げ、エンジンを回らなくしてしまう兵器も造られた。それを大きな気球のようなものに載せ、敵機が来ると、そこから電磁波を発射して墜落させてしまうのだ。

これに米英の連合軍機がたびたび遭遇。「フー・ファイター（幽霊戦闘機）」、または「謎の火の玉」と呼んで恐れた。トルーマン大統領の命を受けて、ヨーロッパ戦線においてＵＦＯを調査した報告書もある。そこには「飛行物体が次元間エネルギーを取り出して使っている」という内容が書かれている。このシステムはナチスの開発した技術なのだ。

１９３４年には「Ｖ１、Ｖ２ロケット」の名で知られる恐怖の兵器を開発。第二次世界大戦の末期には、ナチスはそれらを自国の領土から直接、イギリスのロンドンに向けて合計１万発近くも発射し、約９０００人もの市民の命を奪った。

Ｖ１ロケット

また、**Ｖ１、Ｖ２ロケットをはるかにしのぐ、「Ａ９」と呼ばれる弾道弾ロケットの開発も進められていた。**これはパイナップルくらいの大きさの原子爆弾を備えた大陸間弾道弾で、ドイツ領から直接米国のワシントンＤＣとニューヨークに撃ち込まれる予定だった。ドイツからワシントンやニューヨークまで、わずか20～25分で届くという驚くべき兵器である。これを１９４５年の秋に使う予定で、着々と準備が進められていたという。

第二次世界大戦後、米国空軍のサイモン将軍は、自ら著した『ナチスの秘密兵器』という本の中で、「当時のドイツは空軍機のデザイン、代替エネルギー、その他の科学技術のレベルが米国より

35年から50年先をいっていたのではないか」と述べている。

そのナチスが第二次世界大戦中にＵＦＯの開発・製造をしていたことは、欧米の一部の軍関係者にはよく知られていた。しかし、断片的な情報や不確かな憶測をよりどころとしたもので、はっきりとした全体像をつかむまでには至っていなかった。

そこで、私は自分の目で真相を確かめたいと思い、世界各地を取材して回った。詳細は拙著『ナチスがＵＦＯを造っていた』（河出書房新杜、１９９４年）に記したが、その結果は実に驚くべきものだった。

なんと、**ヒトラーが台頭する以前の１９２２年の夏、ドイツでは「ヴリル協会」と呼ばれる秘密結社が、すでに直径８ｍのＵＦＯを製造し、テスト飛行をしていたのだ！**

そして、その研究成果はナチス親衛隊ＳＳに引き継がれ、１９３９年以降、「ハウニブー」と「ヴリル」という２種のＵＦＯが造られた。１９４５年に敗戦するまでに、すでに反重力エンジンを搭載したＵＦＯも完成していたのである。

ある情報筋からノルベルト・ラトホッファー氏という人物を紹介された。彼は秘密結社「テンプル騎士団」の重要メンバーだという。

私がラトホッファー氏から見せてもらったＵＦＯの写真には、底部にドイツの戦車（パンサー型）の砲塔を装着したものや、ＲＦＺ‐２型ＵＦＯの上にドイツ兵らしい人物の立っているもの、底部にナチス親衛隊ＳＳのマークやシンボルの鈎十字のマークが描かれたものなどがあった。こうした写真を数十枚も持っていることから察しても、彼がテンプル騎士団のメンバーの中でも有力な人物だと思われたが、写真の入手先は「ある秘密の筋」としか答えてくれなかった。

ラトホッファー氏によれば、写真に写っているUFOは、すべて大戦中にナチスのもとで開発、製造されたものばかりだということだった。**「UFOは、ナチス親衛隊SSの中の〝E4〟と呼ばれる組織と、〝ヴリル協会〟の二つの組織で開発が進められていた」**と彼は言う。

その際、UFOに装着された戦車の図面も見せてもらったが、比較してみるとピッタリと一致していた。UFOに取り付けられたキャノン（大砲）は、1分間に360度回転できる設計だった。

また、開発途上にあったUFOの性能や飛行実験などについても、詳しく話してくれた。彼の話を総合して判断するかぎり、ナチスがUFOを造っていたのは間違いないようだ。

宇宙人との交信に関して、ラトホッファー氏はさらに興味深い情報を教えてくれた。

「ヒムラーSS隊長は、秘密結社の宗教部長として実質、ナチスのナンバーワンだった。彼は部下の超能力者たちとともに、ウェルスベルグ城の秘密の部屋で宇宙人と交信して、超科学テクノロジーを得ていた」

その相手は驚くことに、「地球から66光年以上離れた、おうし座のアルデバラン星人」だという。そして、ついにはアルデバラン星人が、彼らのUFOで来訪したこともあるという！

UFOの写真があるというので私は見せてもらうことができた。そこには真っ黒な円盤タイプで窓も継ぎ目もない外観をしたUFOが写っていた。

もし、こうした兵器が第二次世界大戦中に使われていたら、どうなっていただろう。米国のアイゼンハワー連合国軍最高司令官（大戦当時）は、戦後、『ヨーロッパにおける聖戦』という本を著し、その中でこう述べている。

「もし、ドイツ軍がこれらの新兵器をあと6ヶ月早く完成させ、使用していたならば、われわれはおそらく勝利をおさめることができなかっただろう」

そんな驚異的な新兵器を持ちながら、ドイツはなぜ敗北したのか。それを知るには、ナチスの成り立ちと思想の背景を知る必要がある。

秘密結社を母体に、65光年離れた異星人と交信

「ナチスはどこから進歩した科学技術を手に入れたのだろうか」という疑問に答えられる人物がいた。ある情報筋の紹介で知り合ったドイツ人、エルンスト・ズンデル氏である。

ズンデル氏は、大胆にもかつて敵国であった米国でネオナチ運動を強力に推し進めていた。ナチスとその秘密計画に詳しいという。ズンデル氏の答えは驚くべきものだった。

「ナチスは何らかの方法で宇宙人とコンタクトをとり、彼らから優れたテクノロジーを教えてもらったのです。ナチスの原点は、古代のシュメール文明やエジプト時代のノウハウを連綿と伝えている秘密結社で、その一つが一般にもよく知られているテンプル騎士団（聖堂騎士団）です」

テンプル騎士団の正式な名称は、「キリストとソロモン神殿の貧しき戦友たち」で、1118年

にフランスのボルドーで創設された。ソロモン王が建てた神殿（テンプル）を活動拠点としていたため、テンプル騎士団と呼ばれたようだ。テンプル騎士団は、もともと12世紀のはじめ、キリスト教を信奉する人々が聖地エルサレムを異教徒の手から守るために組織した、一種の軍事組織だった。それが、異教徒との戦いに勝ち抜いていく間に勢力を伸ばしていった。

エルンスト・ズンデル氏

しかし、14世紀になり、騎士団の強大な勢力を恐れたフランス王フィリップ4世によって弾圧されたことがきっかけで地下にもぐり、秘密結社となったのだ。

ズンデル氏の話をまとめてみよう。

アドルフ・ヒトラーは第1次大戦でのドイツ敗戦後、喫茶店でくつろいでいるときに、かつてテンプル騎士団ドイツ支部のトップだった人物と出会い、見込まれて入団した。彼は徐々に頭角を現していき、その延長線上に「ナチス」が設立された。

ヒトラーはさらに「ヴリル協会」と「トゥーレ協会」という秘密結社をつくった。

トゥーレ協会では占星術師エリック・ヤン・ハヌッセンという人物が指導者となり、ヒトラーをはじめ、ヒトラーの腹心でSS隊長のヒムラー、ゲーリング空軍相、ルドルフ・ヘスらに、潜在能力の開発法や集団催眠のテクニック、精神集中や暗示をかける技術など、さまざまなオカルト的な知識を教えた。ちなみに、ここでは、ヒトラーは政治部長、ヒムラーは政治部長よりも力を持つ宗教部長を務めていた。

もともとヒトラーもヒムラーも超能力者的な素質を持った人物だが、ハヌッセンの教えを受けたことで、さらにその能力に磨きがかかったようだ。そして、ヒムラーが中心になって宇宙人との交信を行い、それを通して宇宙人の進んだ科学技術を吸収していった。こうして、トゥーレ協会はナチスの母体となっていく。

初公開・秘密結社の最高幹部とのインタビュー

以下は、これまで私がテレビでも、本、その他のメディアでも明かさなかった、とっておきの情報だ。

これは私のある秘密の情報筋に頼んで、絶対に顔も名前も見せないという条件でOKを取ってもらった秘密結社の最高幹部との極秘インタビューだ。その人物とのやりとりを初公開しよう。

彼は身許を絶対に知られるわけにはいかないということで、ハンブルク郊外のある隠れ家を指定してきた。なんの変哲もない二階建ての農家だったが、指定された暗号回数で扉をノックすると、屈強そうな若い男が現れた。

目つきが異常に鋭い。黙って二階へ案内された。二階のある部屋のドアを開けると、室内は真っ暗闇だった。

その中に座っている男の気配が感じ取れるだけで何も見えない。案内してきた男は、黙ってドアを閉めて出ていった。取り残された私に暗闇の中の声が言った。

「ミステル・ヤオイ、よくおいでくださいました」

英語で話しかけてきた。真っ暗なので相手の顔も姿も見えない。何歳くらいの男なのかさえ、声だけではわからなかった。思い切って聞いてみた。

「ナチスが製造して飛ばしていたＵＦＯについてうかがいたいのですが」

「あれは、実はわれわれが造って、ずっと昔から実際に使っているものです」

闇の中の声が答えてきた。顔や姿は見えないが、彼がナイツテンプラー（聖堂騎士団）のさらに上部に当たる秘密結社の最高幹部の１人だということは、紹介者の身分から考えて確かだった。

「えっ、昔から？」

「そう、５０００～６０００年前からです」

「どうしてそんなに前に？」

「高度な技術があったか、というのでしょう？」

「はい」

「世界の歴史はこれまでに何度か書き換えられているのです。そのときどきの権力者が自分たちに都合のよいものに変えていく。実ははるかな昔からこの地球には宇宙人の介入が何度も行われてきました。彼らの持つ超高度なテクノロジーは、当然のことながら当時の人間の中でもごく少数の超エリートたちだけが理解できるものでした。

その後もずっとそのときどきの超エリート権力者たちの秘密として一般には隠されてきたので

す。その秘密をひそかに温存し、守り続けてきた者たちのことを〝秘密結社〟と呼ぶのです」

「とすると、よく話題になるフリーメーソンなどは？」

「あれは誰にでも名が知られているから、秘密結社ではありません。本当の秘密結社は誰にもその名を知られず、誰が属しているかもまったくわからないものなのです」

確かにこの暗闇の中の人物が所属する結社の名前も知らされていなかった。質問を続けた。

「ＵＦＯを実際に使ってきたとおっしゃいましたが、どのような場合に使用するのですか」

「普通に旅行するときやメンバー同士の連絡などに使っています」

「すると、私たちが見るＵＦＯの中のいくつかは秘密結社のものだと？」

「当然、ありえますね」

「ナチスの製造していたＵＦＯも、そういう超テクノロジーからのノウハウですか？」

「そうです。ナチスはご存じの通り、もともと秘密結社ですからね。ナチスは政党というより、トゥーレ協会とヴリル協会という秘密結社の政治部長だったヒトラーが政党化したものなのです。だから、ヒトラーよりも階級的には宗教部長だったヒムラーの方が上だったくらいです」

「とすると、ＵＦＯの製造も宇宙人から伝えられたテクノロジーですか？」

「ええ、でもそれだけではなく、ナチスはヒトラーの命令で〝プロジェクト・アーネンエルベ〟という秘密作戦のもと、特殊部隊を編成して世界中の遺跡や遺物を探させたのです。その結果、ついに、**ウラル・アルタイ山脈で一機と、南極の氷床の下に一機のＵＦＯを発見して、発掘したのです**」

「えっ、ＵＦＯを掘り出したんですか？」

「そうです。それを秘密裏にドイツに運び、そこからいろいろな宇宙人のハイテクを探り出して利用していたのです」

闇の中の男は驚くべき事実を事もなげに淡々と話す。私はさらに聞いた。

「では、ナチスはなぜそうしたハイテク製品を戦場に投入しなかったのでしょうか」

「ヒトラーは一般に信じられているような狂人でも異常者でもありません。ＩＱは１５０以上ありましたし、かなり優れた超能力者でもありました。しかし、**彼はもともと、今回の戦争に勝つつもりはなかったようです**」

「えっ、ではなぜ戦争を起こしたのですか？」

「戦争というものは起こさざるをえないように仕向けられて起こるもので、勝敗も最初から決められているのです」

「誰が決めるのですか」

「それは……いまはまだ、あなたは知らない方がよいでしょう。私もこの場でこれ以上は言えません」

もっと突っ込んで聞きたかったがさらにすごい情報が得られそうな気配だったので、質問を続けた。

「ヒトラーは何をしようと考えていたのでしょうか」

「彼には未来を見る予知能力がありました。彼が書いた予言のほとんどは今日までに的中していますす。日本が第二次世界大戦に参戦することも真珠湾攻撃よりずっと前に予言していますし、日本が原爆を落とされて負けることも」

「ええっ、原爆もですか？」

「そう。現在のコンピュータ時代の到来やロボット技術の発達も。そのうえ、月や火星に行くようになることも予言していました。実は、彼はＵＦＯを戦争に使うために開発したのではないのです」

「というと？」

「彼は火星に行くつもりで反重力エンジンを搭載したＵＦＯを造っていたのです」

第二次世界大戦が終わったのは１９４５年だから、それより前、なんと70年近くも前に火星に行く計画を立て、そのための乗り物としてＵＦＯを開発していたという！　信じられないことだ。だが、秘密結社の最高幹部が言うのだから本当かもしれない。私はさらに突っ込んで聞いた。

「ヒトラーは地下壕の中でエバ・ブラウンとピストル自殺をしたんですよね」

「あれは替え玉です。どんな国の要人も当然、影武者を用意しているでしょう。一般には知られていませんが、最近はクローン技術が発達しているので、そうした替え玉も見分けがつかなくなっています」

驚いたことにクローンの技術は最近開発されたばかりだと思っていたが、実は裏の世界ではとっくに人間に応用されていたというのだ。闇の中の声は続けた。

「ヒトラーは実はひそかに専用の軍用機でノルウェーに行き、そこからＵボート（ナチスの潜水艦）で南極へ行ったはずです」

「南極というとＵＦＯを発掘したという……」

「そう。ナチスは早くから探検隊を送り込み、ノイエ・シュワーベンラントと名づけた秘密基地を造っています。そこへは海底から直行できる水路があり、Ｕボートでそのまま入れるようになっているのです」

「彼はそこで何をしようとしたのですか」

「火星に行くためのＵＦＯをはじめ、いくつものＵＦＯや新兵器を開発・製造しています。しかし、本当の目的はもっと重大なことです」

このあと、暗闇の中の声は驚天動地のことを語り出した。

「ヒトラーたちは秘密結社の持つ情報から、**すでに月と火星に宇宙人が常駐していることを知っていたのです。だからこそ、彼は自分たちがひそかに製造したＵＦＯで月や火星に行こうとしていたのです**」

いまから70年近く前にそのような計画を立てていたとは、私には想像もできないことだった。だが、考えてみると、この話は大いにありうることなのだ。というのは、前述した通り、ＮＡＳＡは１９５８年にすでにブルッキングス報告書をもとに設立され、月、火星、金星に残された宇宙人の超科学探査に出かけている。しかもその情報はアメリカに連れて行かれたナチスの科学者たちからもたらされたと考えられるからだ。

闇からの声が言った。

「ナチスの中でヒトラーより位が上と言われたヒムラーは、ウェルスベルグ城の秘密の部屋で、超能力者を集めてひそかに宇宙人との交信をしていたのです」

「宇宙人と交信？　それはテレパシーか何かで？」

「そうです。そして、ついに、彼らが実際にＵＦＯに乗ってドイツのあるナチスの施設にやってきたのです」

「来た？　それはなんという星から来たのか、わかっているのですか？」

「もちろん。それは牡牛座のアルデバランという恒星の惑星の一つで、やはりアルデバランと呼んでいます。地球から66・6光年離れていて、夜空で見るとオリオンの腰のベルトに当たる三ツ星のいちばん右に見える星です」

アルデバランというと、日本ではアニメの「宇宙戦艦ヤマト外伝」に出てくる星で、「スタートレック」にも登場するが、そのアルデバランから本当にＵＦＯが来たというのだから、耳を疑ってしまう。私は聞いてみた。

「アルデバラン人はどういう姿をしていたのですか？」

「私は直接会っていないのでわかりませんが、ナチスの連中に聞いたところでは、人間そっくりで、街ですれ違ってもわからないほどだということです。宇宙人はいろいろな星から来ていますが、人間そっくりのものが多いそうです」

「では、彼らはなんのために来たのでしょうか？」

「交信していたわけですから、表敬訪問といったところだったと思われます。情報交換もさらに密なものがあったのでしょうが、私はそれ以上のことは知りません」

ナチスが第二次世界大戦中から、宇宙人との交流があったとすれば、前出のケネディ大統領の演説草稿の内容もにわかに真実味を帯びてくる。アメリカはナチスから大勢の科学者たちを連れてきたのだから、その情報も当然、大統領の耳に入ったことだろう。ロシアのメドベージェフ首相の発言も、なるほどとうなずかせられる。

そうした事実を知らなかったのは、われわれ一般庶民だけで、実は各国の首脳部や軍のトップたちはとっくに知っていて、事態への対処策も練っていたにちがいないのだ。

闇からの声は、さらに驚愕の事実を話し出した。

「ヒトラーが南極に行った理由はもう一つあります」

「えっ、まだあるのですか？」

「実はナチスは以前から地底世界の人々と交流をしているのです」

「地底世界？」

「そうです。地球の地底にはもう一つの世界が存在していて、そこには海も陸も山や川も地上そっくりの世界があるのです」

「地球の中心には金属のかたまりがあって、そのまわりにどろどろに溶けた熱いマグマがあると聞いているのですが……」

「従来の説はその通りですが、実際は違います。もっとも、地底が直接そうなっているわけではなく、地底に別次元の世界への入り口が開いているとでもいいましょうか。その、いわゆるスター・ゲートを通って異次元世界に行けるのです」

「そこにはどんな生物が住んでいるのですか？　人間のような知能が高い者もいると？」

「外見は人間そっくりですが、知能程度や科学、それに精神的にもわれわれ人間をはるかに超えています。ヒトラーはそうした地底人からも高い知識と情報を得ていたようです」

インタビューはここで終わった。

バード少将が見てきた地底の世界

地底の世界については、アメリカのバード少将が北極と南極の両極から迷い込んだ記録が残っている。軍の高官からの情報だけに、かなり信憑性が高いと言えるだろう。

そのいきさつは次のようなものだった。

ドイツ敗戦の翌年、１９４６年12月。

米英をはじめとする、数ヶ国での奇妙な共同作戦が行われた。表向きは「南極から電波の発信が可能かどうかを調査するため」ということになっていたが、南極になんと４０００人もの軍隊を送り込んだのだ。

しかも、飛行機やヘリコプター、戦艦も出動、航空母艦には戦車までが装備されていた。指揮官はそれまでに何度も南極探検に成功していた米国のリチャード・バード少将（当時）だった。

「本当はナチスの秘密基地があるかどうかを調べるため」といわれているこの作戦だが、結果は全員、命からがら退却するはめになった。というのも、秘密基地があるとされる地点に行くと、飛行機が原因不明のエンジントラブルを起こし、相次いで墜落したり、行方不明になったりと、奇妙なことが続いたからだ。

しかも、墜落した飛行機のうち2機はどこかに消えたきりで、必死の捜索にもかかわらず、機体の残骸はおろか、小さな破片すら発見できなかった。

さらに、バード少将自身の乗った飛行艇が、26時間もの間行方不明になり、片肺エンジンのまま逃げ戻ってきた、という事件も起こっている。このとき、バード少将は南極の穴から地底に入ったといわれている。その状況はこうだ。

「急に天候が乱れ始め、やがて視界ゼロの状態に陥ると同時に、飛行艇の高度が下がった。すると、突然視界が開け、地上の光景が見えた。そこで目撃したのは緑の原野や森林、川、湖であり、さらには山脈までもが広がっていて、クリスタルに光り輝く文明都市もあった……」

その後、このバード少将率いる大艦隊は突然、海中から現れたＵＦＯによって襲撃され、駆逐艦一隻が沈没、多数の兵士と航空機を失い、命からがら逃げ帰ったといわれる。この情報が漏れるのを恐れた政府は、のちにバード少将を監禁。厳重な監視下に置き、事実の発表は抑えられた。

南極にいるのはナチスか、地底人か

１９３０年代の半ば、ヒトラーはドイツの領土を広げようと、南極に目をつけた。その頃の南極は、誰も見向きもしない酷寒の氷土にすぎず、人間が住むには値しないと考えられていた。

１９３８年、ヒトラーは「ドイツ南極探検隊」を組織して、この世界の果てとも思える不毛の地に送り込んだ。そして、彼らの調査の結果、驚くべき新事実が次々と発見された。

それまで南極は高い山などない、平らな氷のかたまりとしか考えられていなかった。唯一の山は「ロス」地区にある、マウント・エレバスだけだと思われていた。

ところが、４０００ｍ級の山が、山脈をなしているのが発見されたのだ。しかも、それらの頂上には、雪がまったくなかった。

さらに驚かされたのは、水着一枚で泳ぐことができるほどの温かい湖が発見されたことだ。実際、隊員の１人は、素っ裸でこの湖を泳いでみせたという！

湖水は飲料に適していて、飲むととてもおいしかったらしい。

興味深いのは、この探検隊の隊員たちに与えられた特殊なバッジだった。そこには、南極大陸をかたどった中に、スワスティカ（卍）を描いたドイツの旗と、樫《かし》の木の葉がデザインされていた。

実は、これらはどちらも、あの秘密結社「トゥーレ協会」のシンボル・マークなのだ。そして、ナチスの地図の南極大陸の上には「ノイエ・シュワーベンラント」と書かれている。

このバッジに記されている通り、探検隊は自分たちの調査した地域一帯に、ドイツのスワスティカのマークの入った旗を残してきた。そして、ナチスドイツはこの旗に囲まれた60万平方キロもの広大な地域を「ノイエ・シュワーベンラント」と名づけ、彼らの領土であると宣言したのだ。

その南極に、ヒトラーとナチスの残党が秘密基地を設けるのは、さほど不思議なことではないかもしれない。

ちなみに、NSA関係の暴露をしたエドワード・スノーデンが、近年、「インターネット・クロニクル」というサイトで、「人類よりも『知能が高い種族＝地底人』が、地球のマントルの中に存在している」という地底人に関する機密文書の存在と、その驚愕の内容を公表した。

スノーデンが目にした文書には、

「政府の最高首脳陣たちは具体的にUFOが何であるかわかっていないが、人類よりもはるかに知能が高い種族が操作していることを知っている」といった内容が書かれているという。

その中でも、最も信憑性が高く、かつ不可解な目撃例として、**熱水噴出孔《ふんしゅつこう》（海底で地熱によって熱せられた水が噴出する亀裂）から海底へと飛び出して、直接太陽の軌道に入っていくUFOの存在が挙げられている。**

スノーデンは「DARPA」（米ペンタゴンの高等計画研究局）の関係者のほとんどが、地球のマントルに、「現生人類よりも知的な人類が存在している」ことを確信しているという。

また、**大統領は彼らの活動に関するブリーフィングを毎日受けているといわれる。**

あるアナリストの意見では、「地底人のテクノロジーは、地球人類をはるかに上回るので、戦闘状態が生じれば人類が生き残る可能性はほぼない。彼らからすれば、人類はしょせん『アリ』にすぎないので、コミュニケーションを取り合うことも、仲間意識を持つことなども一切ない」という。

アナリストはさらに、「現在の非常事態計画は、地底人からのさらなる攻撃を阻むために、勝てる希望のない敵を〝あざむく〟ために、深い洞窟で核兵器を爆発させることくらいです」と語っている。

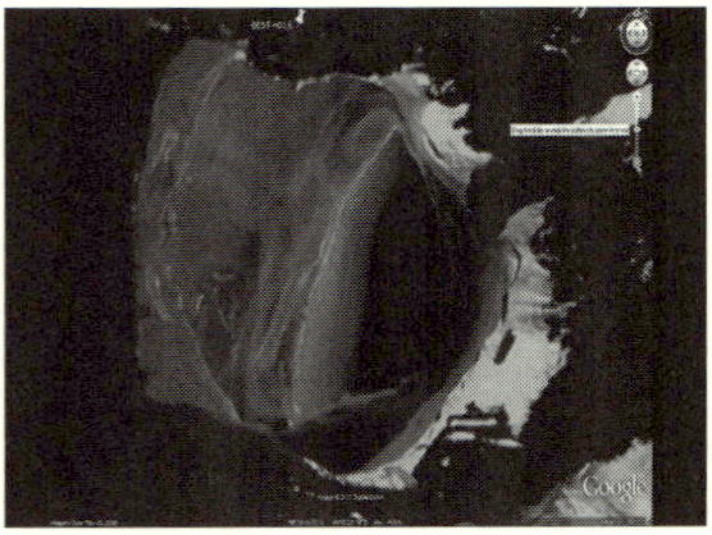
「南極の地底への入り口」（YouTube より）

最近、YouTube に投稿された写真に、「南極の地底への入り口」というものがある。明らかに人工的な形状をしている。

高さ30ｍ、幅が90ｍくらいある入り口には、よく見ると巨大な蓋がついているのだ。

日本人技術者3人が乗ったUFOが火星へ

私は「ヒトラーに会ったことがある。彼は1960年くらいまで生きていた。その証拠を握っている」という米国人を探し出し、インタビューしたことがある。それはハリー・クーパーという人物で、聞いてみると、ヒトラーに会ったのは本人ではなく、彼の友人のドン・アンヘルであり、残念なことにアンヘルはもうすでに亡くなっていた。

クーパー氏の話によると「アンヘルはSSの情報部員の大物で、部下のエージェントから集まってくる報告をチェックする仕事に就いていた。アンヘルはヒトラーに頼まれて、毎年、隠し子の写真を撮って届けていた。ヒトラーには隠し子が2人いて、戦後、その2人は米国に移り住んでいた」という。

ちなみに、ヒトラーには南極逃亡説のほか、ブラジル逃亡説などいくつかあって、その後については謎が多く、真相はいまだに明らかになっていない。

最後に、日本とも関わりのある、驚きの話を紹介しよう。

ドクター・キングという、表向きには名前も顔もあまり知られていない陰の人物がいる。博士は科学者であり、技術者であり、発明家であり、諜報部員でもあったという、多彩な経歴の持ち主だ。

そのキング博士からの情報によれば、日本にもドイツのUFOが来たことがあるという。

「1945年3月のことです。ドイツで開発された『ハウニブー3』が、アイスランド、グリーンランド、北極周辺、メキシコ湾、南極、フエゴ島、ジブラルタル上空などをテスト飛行する途中、日本にも立ち寄ったのです。この機体は〝トゥーレ・タキヨネーター7a〟という反重力推進機関を4基、同じく4基の〝シューマン・レビテーター〟を備えていました。そのほかに、底部に3つの砲塔があり、それぞれドイツ製の28センチ砲を3門ずつ装備していました。しかし、日本製の46センチ砲の方がずっと進んでいたので、ドイツの砲を置いて代わりに46センチ砲をつけて帰った、と秘密資料に書かれていました」

ハウニブー3の想像図

さらに、キング博士は驚くべきことを口にしたのだ。

「ハウニブー3は、3人の日本人技術者を乗せると、ドイツへ戻り

ました。そして、１９４５年４月20日、ナチスの南極秘密基地〝ノイエ・シュワーベンラント〟から火星に向かって飛び立ったのです。乗り込んだのはドイツのＳＳの科学者が７人、日本人技術者が３人、そのほかに乗組員十数人がいたといいます」

なんと日本人技術者がＵＦＯに関わっていた。そして、ハウニブー３は１９４５年４月の段階で、火星にまで行ける性能をすでに持っていた！

しかし、彼らは無事に火星へ着いたわけではなかったようだ。キング博士は続けた。

「翌１９４６年６月、ハウニブー３が火星のシドニア地域に、不時着同然の形で着陸したことまではわかっています。そのときに、どのようなトラブルがあったのか……彼らはついに、帰ってきませんでした。ですが、彼らは火星の情報を何らかの手段で地球に送信してきたといわれています」

その内容がどんなものであったのか。その秘密を現在、誰が隠し持っているのか。それは、キング博士にもわからないという。

１９４５年４月といえば、ドイツが降伏する１ヶ月前である。いったいこの時期になぜ、彼らは火星へ行ったのか。それは、彼らが古代から秘密結社に伝わる「シークレット・インフォメーション」のルーツを求めたからだろう。

当時すでに、ＳＳのメンバーは、火星のシドニア地域に例の巨大な人面像をかたどった建造物があることも、ピラミッドや古代都市の跡などがあることも知っていたのだ。

米国のＮＡＳＡが火星探査機のバイキング１号と２号を打ち上げたのは、それから30年もあとの

１９７５年の８月・９月。火星表面から写真を送信してきたのが１９７６年。そこでシドニア地域の人面像が初めて撮影、発見されたのだ（２３０ページの写真）。「ナチスの科学技術のレベルは、米国より35年から50年先をいっていたのではないか」という前述のサイモン将軍の言葉が、いっそうリアルに聞こえる。

ナチスの頭脳が米ソに流出、今日の世界を動かしている

現在、米国が飛ばしているＵＦＯ、秘密兵器、宇宙開発のテクノロジーなどは、墜落したＵＦＯや宇宙人から得た技術もあるが、もとをたどれば、ほとんどがナチスの科学に行き着くと言える。米国は戦争の勝利が確実視されるにつれて、次の競争相手としてソ連を強く意識するようになった。競争に勝つためには、ドイツから奪った「戦利品」を、できるだけソ連側に渡さないようにする必要があった。そこで、ドイツの進んだ科学技術などを計画的、かつ強力に米国に移していった。

まず、**「オーバーキャスト作戦」として、１９４６年初頭までに１５０人くらいのドイツ人科学者、技術者が米国に連れてこられた。**米国が緊急に協力を必要としたのはロケット計画だったので、主にその関係者である。それ以外では、航空医学、航空機設計、戦車設計、化学工業、冶金《やきん》工業の専門家のほか、化学や数学、物理関連の基礎研究に携わっていた人たちもいた。

１９４６年中には作戦をさらに拡大し、最終的には１０００人ものドイツ人科学者を連れてくることを計画。彼らに米国市民権を与えるなどの優遇措置も決めた。これが「ペーパークリップ作戦」

だ。米国の捜査官が入国許可の出ている人々の、ファイルの束の上に紙バサミ（ペーパークリップ）を置いて目印にしていたことに由来する名称らしい。

オーバーキャスト作戦ではドイツ人入国者の上限を350人と定めていたが、ペーパークリップ作戦には上限がなかったため、作戦スタートから1947年初頭までに、350人を上回る数のドイツ人科学者が米国に入国するようになっていた。

作戦に同意してやってきたナチスの科学者たちは、ラジオ・リバティーやボイス・オブ・アメリカ、米国陸軍歴史部など、米国の安全保障に役立つ組織に雇われただけではない。国防総省や米トップ産業の役職にも雇われている。さらに、米国のロケット計画において、主要な研究所や支局などで主任や副主任の地位にも抜擢《ばってき》された。

中でもフォン・ブラウンは、1955年に米国籍を取得。1960年にはNASAが新設した「マーシャル宇宙航行センター」の初代所長となり、「アポロ宇宙計画」にも携わった。1975年には、米国科学界最高峰の栄誉とされる「米国国家科学賞」も受賞している。

このように、NASAをはじめ、米国の主だった機関の中枢ではかなりの数のナチスの人々が重要なポストを占めており、その人たちが良くも悪くも今日の米国を動かしていると言えるのだ。

一方、ソ連はドイツの産業、科学施設を手当たり次第に確保していった。印刷機や化学実験室、事務所の備品、歯科医院の器具、病院、製鉄工場、鉄道の軌道、機械道具類など、少しでも価値のあるものを見つけると、すべて分解し、箱詰めにして持ち去った。ナチスがあちこちに埋めておいたＵＦＯも探し回っていたようだ。

また、彼らの占領地区にいた何千人ものドイツ人科学者や技術者を、「生ける戦利品」として家族とともに拉致した。

クルト・マグヌス博士はナチス科学者の１人として、大戦中にロケットの要であるジャイロスコープの開発に携わった人物だが、１９４６年10月22日にソ連に拉致されている。また、この日一日だけで、大戦中のロケット研究者をはじめ、ドイツの自然科学者、技師、職工、およびその家族約2万人が一網打尽にされたという。

拉致された人たちは列車に詰め込まれ、モスクワ近郊の町やモスクワとレニングラード（現在のサンクトペテルブルグ）のほぼ中間にあるゴロドムリャ島などに連れて行かれた。そこで10年くらいロケットの開発に協力させられたといわれる。

地球外生命体のテクノロジーとの出会い

第二次世界大戦中、ナチスの新兵器は「フー・ファイター（幽霊戦闘機）」、または「謎の火の玉」と呼んで恐れられたのだが、**そのほかに宇宙人のＵＦＯと思われる飛行物体が現れている。謎の飛行物体は敵味方入り乱れる戦場にしばしば姿を現し、観察を続けるかのように飛び回ったあと、あっというまに飛び去るという不可解な行動をとっていた。**

１９４４年12月13日、時の連合軍欧州最高指令官、ドワイト・アイゼンハワー将軍と英国のウィンストン・チャーチル卿は、共同で次のような声明を発している。

「われわれは第三の未確認の敵軍に対し、戦闘を開始しなくてはならない」

この場合の「第三の未確認の敵軍」が、地球上のものでないことは明らかだ。実は、この声明が出されるに至る契機となった、ショッキングな事件がある。

１９４２年２月25日の夜。

アメリカのロサンゼルス市をはじめ、西海岸の都市上空を11機の謎の物体がわがもの顔に飛び回った。「日本の偵察機が来襲！」とばかりに、各陸・海軍基地が高射砲による一斉射撃を浴びせかけた。

このとき、合計１４３０発もの高射砲弾が発射された。だが、弾丸のいずれも、標的に届く前に自爆してしまった。11機の飛行物体は美しいオレンジ色の光輪に包まれたまま、サーチライトと高射砲弾の飛びかう中をゆうゆうと飛行し続けたという。

当時の参謀総長でのちの国務長官ジョージ・マーシャル将軍が「銀河からの軍隊の脅威に対抗するため」として、第３の軍隊へ宣戦布告を行い、「ＵＦＯを捕えろ、撃ち落としても生け捕りにしてもかまわん！」と緊迫した指令を発したといわれている。明くる日の新聞の見出しには「幽霊戦闘機」「空飛ぶ銀のボール」などと書かれて、大騒ぎになった。

宇宙人のＵＦＯテクノロジーとの出会いは、米国では１９３９年頃、西海岸の沖合でＵＦＯを回収し、いまのエドワーズ空軍基地（当時のミューロック・ドライレイク空軍基地）へ運び込んだことに始まるとされている。

さらに１９４７年7月に起きた「ロズウェル事件」のときにもＵＦＯを回収している。

１９９６年に、元アメリカ陸軍情報将校のフィリップ・Ｊ・コーソーが、『ペンタゴンの陰謀』を出版。ケネディ大統領時代の裏話を暴露したことはすでに述べたが、彼はロズウェル事件で回収したＵＦＯの残骸から、兵器に応用可能な新素材・機器の開発プランを立案する任務を負っていた。その結果、ＵＦＯのテクノロジーは以下の分野で活かされたという。

例を挙げてみれば、レーザー、集積回路、光ファイバー、粒子ビーム装置、防弾チョッキのケブラー繊維、加速粒子ビーム兵器、ステルス技術、暗視装置、分子を圧縮した合金、集積回路および超小型ロジックボード、移動式原子力発電機、イオン原子炉、ガンマ線照射食品、電磁推進システム、劣化ウラン発射体と幅広く応用されているという。これを見ると、現代につながる先端技術が、ほとんどこのときから始まっていると言える。兵器に転用されたものは、湾岸戦争、アフガン戦争、イラク戦争で使われているのだ。

コーソーは本を出版した翌年の１９９８年、心臓麻痺によって謎の死を遂げている。

ロズウェル事件で回収された宇宙人の死体はアジア系だった

ロズウェル事件では宇宙人の死体も回収された。

2機墜落したうちの１機については前述したが、もう１機の方には別タイプの宇宙人が乗っていた。**私が手に入れた機密文書によれば、その宇宙人はグレイタイプではなく、アジア系の男性に似たエイリアンで3人だったようだ。これはあくまでも米国人から見た感想なのだが、3人とも身長は1・5mくらい、瞳が黒く、目はやや吊り上がり気味。筋肉質で日本人に似ていたとのことだ。**

推定年齢は20代が2人、30代が1人。血液型は3人ともO型で、うち1人は脳外科手術をした跡があった。しかも、現代医学でもまだ不可能といわれる視床を手術していて、完全に回復した痕跡があったという。

また、彼らは日本人が比較的多く持っている遺伝子YAP(−)を持っていた。マイナスということは「YAPがない」ということだ。

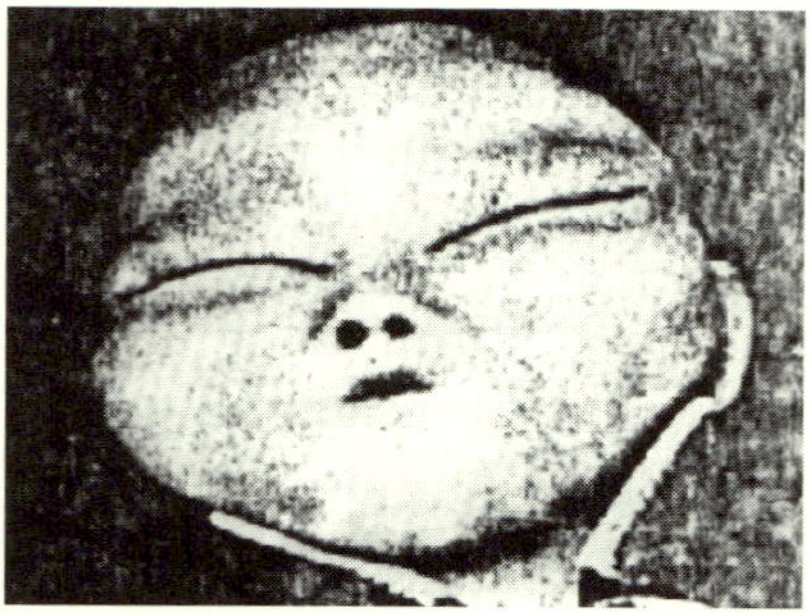
ロズウェル事件で回収されたのはアジア系の顔をしたエイリアンだった?

YAP(−)の人は少なく、東南アジア一帯ではコーカサスあたりと日本だけだとか。日本に渡来した人たちは中国や韓国を経由して来ていると考えられているが、不思議なことに中国や韓国にはYAP(−)の人はほとんどいない。

ロズウェルでUFOと宇宙人の死体が回収されたのを機に、MJ-12が誕生した。そして、米国では生き残った宇宙人イーバの協力により、エリア51で地球製UFOの開発がさらに進み、交換留学計画「プロジェクト・セルポ」が実行されるに至ったのだ。

TOP SECRET

第9章
火星人から地球人へのメッセージ

敵対行為をとると危険な宇宙人もいる

宇宙人の中には、数は少ないが非友好的な種族もいる。ここでは彼らが関係しているいくつかの不可解な事件を紹介しよう。

ロズウェルUFO墜落事件が起きた1947年、アイゼンハワー将軍の情報部は、**「宇宙からの訪問者……不吉な軍隊は、明らかに地球の資源、軍需工業、軍事基地、軍事能力、運輸、通信手段などを探査するために飛来している」**と報告している。

また、1947年9月23日付の、軍事安全調査会から航空物資司令部のネーザン・F・トワイニング中将宛の報告書には、SECRET（秘密文書）のスタンプが押されて、次のように記載されていた。

「報告された現象（UFO）は事実である。円盤型をした複数の物体は確かに存在する。われわれの製造する地球上の航空機と同じくらいの大きさがある。物体の驚くべき運転性能、急上昇、急旋回、および追跡やレーダーによる捕捉の際に行う、物体の急激な加速や飛行形態などから考えて、何者かが意図的に運転しているか、もしくは自動やリモートコントロールによって飛行していると思われる。

物体は金属的な光を反射する表面を持つ。飛跡（引用者注・目で見える進路の跡）がない。ただし、非常な高速で飛行したいくつかの場合を除く。形は円形、または楕円形。底面は平らで、上部にはドーム状のものがついている。

３～９機編隊の場合が多い。通常は無音で飛行するが、ゴロゴロといった奇妙な音を発するケースが三件報告されている。この謎の飛行物体を研究するため、この件に関する秘密の暗号名を早急に決める必要がある。また、軍の各機関が速やかに報告書を提出し、研究を進めるべきである」

米国防司令部司令官、ベンジャミン・チドロウ将軍は、さらに驚くべき証言をしている。

「われわれの手もとにはＵＦＯに関する報告が山積している。彼らを迎撃しようとして、われわれは多数の兵員と機体を失った……」

事実、謎の飛行物体に敵対しようとして命を落とした兵士や、被害をこうむった航空機、艦船の数は非常に多い。いくつかの例を挙げてみよう。

１９４７年７月、ウィリアム・Ｌ・ダビッドソン米空軍大尉、ＵＦＯに敵対して死亡。

１９４８年１月、米・ゴドマン空軍基地のトーマス・Ａ・マンテル大尉、ＵＦＯを追跡中、墜落死。

１９５６年、リー・マーケル米空軍大佐、死亡。

１９５６年10月、沖縄琉球諸島上空でＵＦＯを追跡、撃墜しようとした米空軍ジェット機のパイロット、墜落死。

中でもベトナム戦争中に起こった事件はショッキングだ。当時、米空軍参謀本部長だったジョージ・Ｃ・ブラウン将軍は、シカゴにおける記者のインタビューに答えて、次のような事実を語っている。

「１９６８年の初夏、非武装地帯近くの海上で、オーストラリア軍の駆逐艦とＵＦＯとの間に戦闘があった。また、１９６９年、肉眼では見えない飛行物体が、ベトナムの非軍事地域に着陸するのが、レーダーで確認された。ただちにこの見えない敵に対抗すべく、数百の米兵たちが現地へ向かったが、彼らは消えてしまった」

この「見えない敵」に近づいた米兵たちは、現在に至るまで1人の行方もわからないままなのだ。

水中を航行するＵＦＯも報告されている。

「１９７２年11月、ノルウェー沖の海中を未知の巨大な物体が10日間にわたって、動き回っているのをソナー（水中探知器）が探知。折からＮＡＴＯ（北大西洋条約機構）軍と共同作戦中だったノルウェーの軍艦が、対潜水艦用爆雷を投下したとたん、艦内の電気系統がいっせいに故障。無線、レーダー、ソナーなど、一切の機能が停止した」

ＵＦＯに対して、うかつに敵対行為をとると、こちらの命取りになりかねないということだ。

メキシコの活火山へのＵＦＯ墜落は、一機だけではない

２０１２年10月、「メキシコにある活火山の噴火口に謎の飛行物体が墜落した！」というニュースが、私の友人で、メキシコのＴＶプロデューサー・ＵＦＯ研究家のハイメ・マサーンから届いた。ここでいう活火山とはプエブラ州にあるポポカテペトル山（通称・ポポ山）のことだ。

５０００ｍ級の活火山であり、数年単位で中小規模の噴火を繰り返している。２０１２年４月より活動が活発化していたが、10月25日前後のＵＦＯ墜落後、１週間にわたり噴火が続いた。

噴火の回数は24時間以内に70回以上だと伝えられている。２０１３年に入ってからは、５月14日と７月４日に噴火している。

謎の飛行物体がこのポポ山の噴火口へ垂直に突っ込んでいくのが動画ではっきりと映っている。この事実は、現地のテレビのニュース番組で放送された。これは夜、無人の監視カメラが撮影したものだが、その後の調査でなんと長さが１㎞、幅が２００ｍもの超巨大ＵＦＯだと判明した。

ハイメ・マサーンは、**「ポポ山に突っ込んでいくＵＦＯはこれだけではない。その後、同じ場所で別の日にも監視カメラにとらえられたＵＦＯがあと２機ある。その証拠となるＶＴＲが残っている」**と言う。

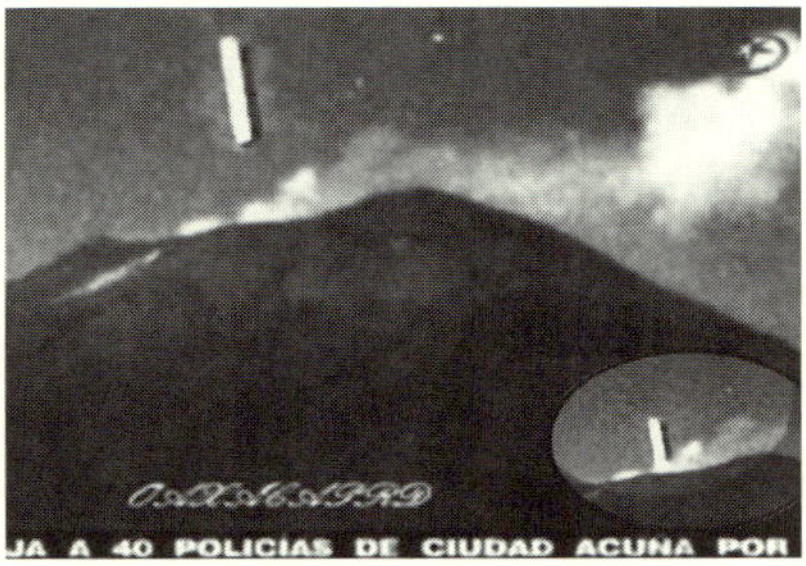

2012年10月、ポポ山にUFOが墜落した

火山の中に突っ込んでいったということは、地底に宇宙人が住んでいるということだろうか。

私は１９９２年に「ポポ山周辺で多数のＵＦＯが目撃された」という報道を聞いて、多数のＵＦＯ目撃者を取材するために現地へ向かったのだが、現地へ行ったのには実はもう一つ、目的があった。それは、「宇宙人に誘拐された」という考古学者のアルアンド・ニコラオ氏にインタビューするためだった。

インタビューに答えてくれたアルアンド氏は、誘拐されたＵＦＯの中で、人間とまったく同じ姿をした宇宙人に、ある警告を受けたことを話してくれた。

「人類が、これまでの考え方や社会のあり方を捨てて、まったく新しいライフスタイルに変わらなければ、ごく近い将来、地球各地で大災害が相次いで発生し、人類の半分以上が死ぬことになるだろう。その災害の始まりは、ポポ山の噴火がきっかけになる」

ポポ山は1993年から継続して噴火し始め、数年おきに小～中規模の噴火を起こしている。

現在、世界各地から毎日のように自然災害や異常気象の報道が飛び込んでくるが、これが宇宙人の警告した「大災害の始まり」となるのだろうか。

火星探査の謎と「シドニア地域」の建造物

火星探査にも謎が多い。米ソが打ち上げた火星探査の一覧表を見てみよう。

こうしてみると、火星探査機は、火星近くに到達したとたん、行方不明になるケースが異常に多いのだ（次ページ表の○印）。

1989年3月28日、旧ソ連の探査機フォボス2号は、火星の衛星「フォボス」へ向かう軌道上、突然行方不明になった。だが、その直前、3枚の写真を電送してきた。

そのうちの1枚は、衛星フォボスの地表に映った細長い葉巻状の影だった。写真から推定された長さは20～30㎞もの巨大さだった。

もう一枚の写真は火星の赤道付近600平方キロの地域に、さまざまな長さの直線が互いに平行

火星探査の歴史

年代	出来事
1962	マルス1号（ソ連） 火星の軌道に乗ることには成功したが、途中で交信が途絶えた。
○64	マリナー3号（米） 太陽電池パネルを開くことができず、探査機を見失った。
64	マリナー4号 火星に9220キロまで接近し、地表のクレーターなど写真22枚を送信することに成功。
69	マリナー6号 火星に3400キロまで接近し、赤道付近のビデオ映像を送信。
69	マリナー7号 火星の南半球を通過し、約200枚の写真を送信。
○71	マルス2号 着陸機を送ったが、砂嵐にあって墜落し、失敗。
71	マルス3号 史上はじめて火星表面の軟着陸に成功。20秒間データの送信を続けた。
71	マリナー9号 火星軌道に乗り、地表の85パーセントの地形を記録。2つの衛星の映像も送信した。
○73	マルス4号 軌道に乗ることができず、火星通過の際に数枚の画像を送っただけに終わった。
73	マルス6号 着陸機が地表に到着する直前に交信が途絶えた。
○73	マルス7号 制動用ロケットの故障で着陸に失敗。
75	バイキング1号（米） 軟着陸に成功。2万6000枚もの画像を送信し、極地に氷（極冠）を発見した。
75	バイキング2号 火星の大気がアルゴンと窒素を含んでいることを発見したが、生命が存在するか否かについては結論を出せなかった。
○88	フォボス1号（ソ連） 衛星フォボスの探査機。操作ミスで太陽パネルを逆方向に向けてしまったため、コントロール不能に陥り、機体を見失った。
89	フォボス2号 行方不明。直前巨大な葉巻型UFOの画像を送信。
92	マーズ・オブザーバー（米） いちばん最近送られた火星探査機。周回軌道から火星地表の高解像度および低解像度の画像送信、地表の分析、天候観測を行う予定だったが、軌道に乗る直前の93年8月21日に交信が途絶えた。
○96	マーズ・パスファインダーとソジャーナ 97年7月4日ソジャーナ、一時行方不明。
98	日本の火星探査機「のぞみ」失敗 地球周回軌道を周回中。
○99	マーズ・ポーラー・ランダー 行方不明。
99	マーズ・グローバル・サーベイヤー打ち上げ。
○99	マーズ・クライメイト・オービター 99年9月23日行方不明。
2002	マーズ・オデッセイ 2002年、人面岩撮影。
03	マーズ・エクスプレス ESA 打ち上げ。
03	マーズ・エクスプローション NASA
03	無人探査車 オポチュニティ ソーラーパネル拭き取る？
03	〃 スピリット

※○印は行方不明

に並んで写っているものだ。

赤外線カメラで撮影しているが、直線が熱を発していたとも考えられた。そして、最後の一枚については公表されなかった。

ところが、私がロシアの宇宙都市「星の街」でインタビューしたとき、元女性宇宙飛行士のマリーナ・ポポビッチ博士が、「最後の1枚を入手した」と言って見せてくれた写真には、巨大な葉巻型UFOがフォボスといっしょにはっきりと写っていた。のちに博士がそれを世界に発表したとき、大きな反響を巻き起こした。

となると、**フォボス2号も、それ以前のフォボス1号や、NASAの探査機も、そうしたUFOによって撃墜されたのではないのか、**という疑惑が生まれてきた。

だが一方、探査機が行方不明になるケースには、地球から意図的に行方不明にされたものもあるらしいのだ。

実は宇宙探査機から送られてくる電波は、NASAではない機関が受信している。

NASAは、ロケット打ち上げと帰還および回収についてはコントロールしている。しかし、宇宙へ飛び出した探査機は、その時点からJPL(ジェット推進研究所)という機関が引き継いで管理している。

JPLは、NASAよりも早く発足しているだけに、宇宙空間での送受信について、NASAが持っていないテクノロジーとノウハウを持っている。しかも、JPLはカリフォルニア工科大学という、純粋に民間の大学の一機関なのだ。

したがって、NASAは探査機から送られてくる画像、その他の情報の秘密を完全に隠せない事情があったわけだ。

それが、「マーズ・ポーラー・ランダー」の頃から、ある極秘のプロジェクトが実施されたという。「マーズ・ポーラー・ランダー」は、NASAの火星探査計画「マーズ・サーベイヤー'98」によって開発された、二つの火星探査機の一つである。もう一つは「マーズ・クライメイト・オービター」だ。

かつてはNASAの宇宙飛行センターの科学アドバイザーをしており、現在は「火星探査チーム」を主宰しているリチャード・ホグランド氏は私が取材したときに、こう語っている。

「NASAはひそかにJPLと同じコントロール技術を手に入れ、同じ施設をテキサス州ダラス郊外の広大な土地に工場を装って建設した。以後、火星探査機が火星周回軌道に到達して、姿勢制御ロケットを噴射する瞬間、電波のチャンネルがこの秘密の電波管理室に切り替わるよう、コンピュータに細工した」

現に「マーズ・ポーラー・ランダー」は、火星の南極上空に到達した直後、行方不明になっている。その後、強力な解像度を誇る特殊カメラを装備した「マーズ・グローバル・サーベイヤー」がくまなく捜索したにもかかわらず、本体はもとより、いっしょに落下したはずのパラシュートの影も形も発見できなかった。

ホグランド氏は、「実は行方不明になったのではなく、通信電波がテキサス州のNASAの秘密管制室に横取りされ、JPLに届かなくなっただけだ。実はポーラー・ランダーは人面岩のあるシドニア地域に着陸し、詳細な情報を秘密施設の方へ送信してきているのではないか」と推測している。

また、「ポーラー・ランダー」と同時期に打ち上げられた「マーズ・クライメイト・オービター」も、「航行上のミスにより、予定されていた火星の軌道よりも低い軌道に乗ってしまったために、1999年に低高度での大気による摩擦と圧力に耐えられず破壊された」と発表されている。

ロシア宇宙航空司令部のレオニード・アレクセイエフ将軍は、こんな報告書をロシア政府に提出している。

「太陽系内に地球外知的生命体の宇宙船が存在する。行方不明になった、マーズ・クライメイト・オービターは、それによって撃墜された可能性がある。火星周回軌道上に、長さ40キロの正体不明の宇宙船らしいものが、ときどき姿を現すのが確認されている」

また、2004年1月25日に、火星のメリディアニ平原に着陸した「オポチュニティ」に関しても、2004年12月24日の読売新聞に掲載された興味深い記事がある。

「火星探査車の怪

NASAの無人探査車〝オポチュニティ〟が、最近〝洗車〟され、砂塵による太陽電池の電力低下から回復していることが、明らかになった。風や霜などによる可能性もあるが原因は不明。英・科学雑誌ニューサイエンティストの最新号に掲載された」

太陽電池はパネルにホコリがたまるため、電力が徐々に低下する。別の場所に着陸した無人探査車「スピリット」は電力が低下したままだが、なぜか「オポチュニティ」のソーラーパネルは、搭載したカメラで確認しても、拭き取られたようにきれいになっている、という。

とすると火星上にいる何者か（？）が、親切にも拭いてくれたのだろうか。

前出のリチャード・ホグランド氏は、火星の研究をもとに、次のような大胆な仮説を発表している。

「いまから20万年前、火星には知的生命体が存在した。彼らは地球に来訪し、当時、地球上にいた最も知的な生物、つまり、ピテカントロプスや北京原人といった〝原人〟と出会い、彼らに新しい知識と文明を与えようとした。

が、当時の人類の祖先には無理とみた知的生命体は、DNAを操作して、まったく新しいタイプの人類〝新人＝クロマニョン人〟を作り上げた。そして、知的生命体は、自分たちが地球に来た証しとして、エジプトにピラミッドやスフィンクスを建造し、イギリスにもいくつかの謎の遺跡を残した。

ミステリーサークルは、人類の祖先を創造した知的生命体が、彼らの子孫である私たちに、何かのメッセージを伝えようとしているのだ」

実は、その根拠となるかもしれない発見があるのだ。

1976年、NASAは2機の宇宙ロケットを打ち上げた。バイキング1号、2号だ。

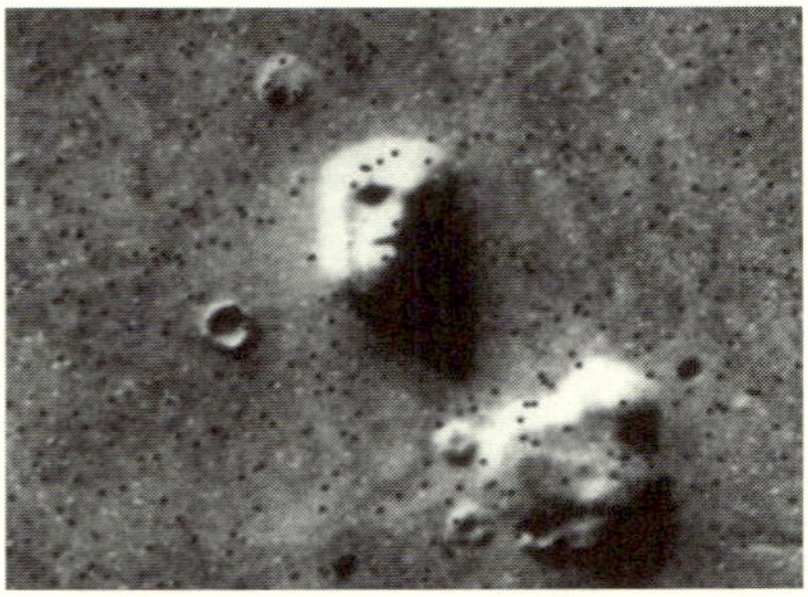
火星の「人面岩」。目の中には瞳が描かれ、右頬にはひとしずくの涙が。口の中にはむきだした歯が並んでいた

これらの宇宙船は7月20日、予定通り火星の表面に到着。地表から6000キロの上空を飛行しながら、火星全土のクローズアップ写真を撮り続けた。

その数千枚にのぼるとされる膨大な写真の中に、驚くべきものが写っていた。

すでにご存じの方も多いだろう。のちに、「ザ・フェイス（人面像）」と呼ばれる、人間の顔そっくりの建造物が撮影されたのだ！

頭のてっぺんからアゴの先までが1・6キロ、顔の横幅1・8キロという巨大なものだ。これが、バイキング1号の写真の中に、合計6枚発見された。

それぞれが、違う時間、違うアングルから撮影されている。

はじめNASAは、この人面像を「光と影のトリックにすぎない」と主張したが、そう思わなかった科学者もいた。

私がインタビューしたNASAの電子工学技師ビンセント・デピートロ氏や、コンピュータ技師グレゴリー・モレナール氏、原子物理学者のジョン・ブランデンバーグ博士の3人も、NASAの意見に反対の立場だった。

やがて、**デピートロ氏たちは最新のコンピュータ・テクノロジーを駆使して、この人面像の写真**

を徹底的に検証した。結果、「これらは明らかに人工の建造物である」という結論に達した。

分析によると、人面像は左右対称に目が描かれ、その目の中には、瞳までがはっきりと描かれていた。さらにその右頬には、ひとしずくの涙が刻み込まれていたのだ。

また、口の中には、不気味にむきだした歯が並んでいた。

さらに、詳しく調べてみると、人面像の西側には、大小さまざまなピラミッドがあり、一つの都市らしきものが形成されていた。

東側には広場や彼らが「要塞」と名づけた人工的な建造物が、南側には「D&Mピラミッド」と呼ばれる、巨大な五面体のピラミッドがあったのだ！　しかも、ピラミッドの中心線が正確に人面像に向かっていた。

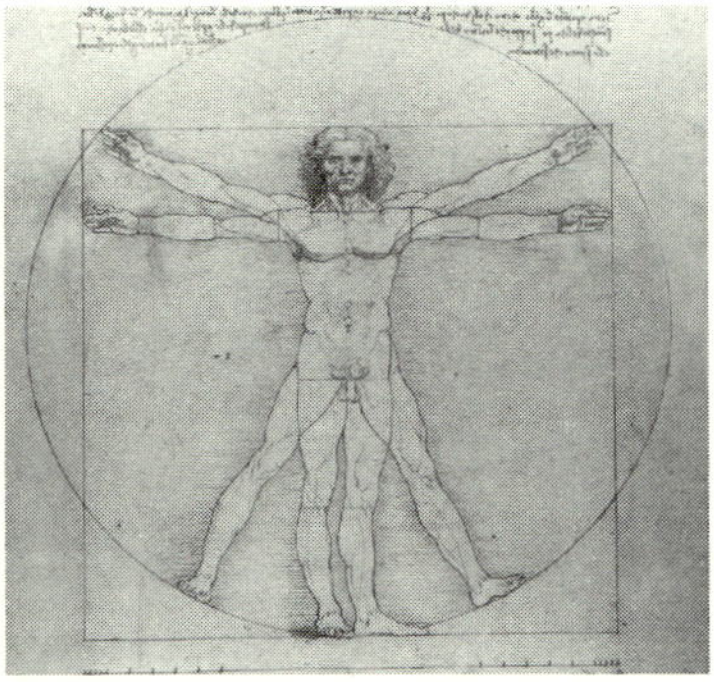

レオナルド・ダ・ヴィンチが描いた
ウィトルウィウス的人体図

それ以外にも、驚くべきことがわかった。

少し話はそれるが、皆さんはレオナルド・ダ・ヴィンチが描いた「ウィトルウィウス的人体図」をご存じだろうか。「円内に手足を広げた人間」の図だが、『ダ・ヴィンチ・コード』で有名になったので、ご存じの方が多いだろう。

この絵は1対1・6の五角形がもとになっており、最も美しい比率を表すために「ダ・ヴィンチ比率」と呼ばれている。

なんと、このダ・ヴィンチ比率が、D&Mピラミッドの底

面にも使われていたのだ！

そして、都市と呼ばれるピラミッド群の中心から、東へ人面像に向かってまっすぐ直線を延ばすと、その先に「崖」と呼ばれるタテ長の薄い壁らしいものが建っている。このように、人工と思われる建造物は、縦60～70キロ、横20～30キロの「シドニア」と名づけられた狭い地域に、集中して建てられていたのだ。

火星人から地球人へのメッセージ

ホグランド氏はさらに驚くような発表をしている。**火星のシドニア地域における、人面像とD&Mピラミッドとの位置関係が、「エジプトのスフィンクスとギザのクフ王のピラミッドと共通している」というのだ！**

それを決めているのは数学的コードである、e／π（パイ）だ。

eとは自然対数と呼ばれるもので、バクテリアなどを培養するときの増殖率のカーブを数値化したときに表れる、生物共通の定数である。πはいうまでもなく、円周率3・14159……だ。

そのeをπで割ったe／πとは、自然界と幾何学を包含した、すべてのものの原理とも言える「数学的コード」となる。それが、「火星の建造物と古代エジプトの建造物の両方の配置に隠されていた」というのだ。

共通点はそれだけではない。たとえば、エジプトのスフィンクスは誰が見てもわかるように、顔が人間、身体がライオンという奇怪な姿をしている。では、火星はどうか。

火星の人面像の写真をコンピュータでさらに鮮明にし、顔をタテ半分に割ってみる。そして、左半分を右側に重ねて対称な鏡像をつくってみると、明らかに人間の顔になる。ところが、顔の右側を左側に重ね合わせてつくった鏡像は、なんとライオンの顔になるのだ！

奇妙な共通点はまだある。建造物が建設された年代だ。

ホグランド氏は綿密な計算の結果、次のような事実を話してくれた。

「火星の建造物が建設された年代を計算するには、二つのアプローチがあります。一つは、火星の地軸のわずかなズレを求めて計算する。もう一つは、D&Mピラミッドの風化の度合いから測定するというものです。私たちが両方の方法で計算した結果、出た答えはおよそ20万年前というものでした。

一方、エジプトのピラミッドは、最も古いもので紀元前5000〜2600年の間につくられたとされています。つまり、いまから4600年から7000年前になるわけですが、最近になって、新しい説が出てきました。

スフィンクスの胴体の部分が、異常に崩れていることに注目した科学者が調査した結果、この崩れは水による浸食の跡だとわかったのです。ところが、エジプトのギザ地域は何千

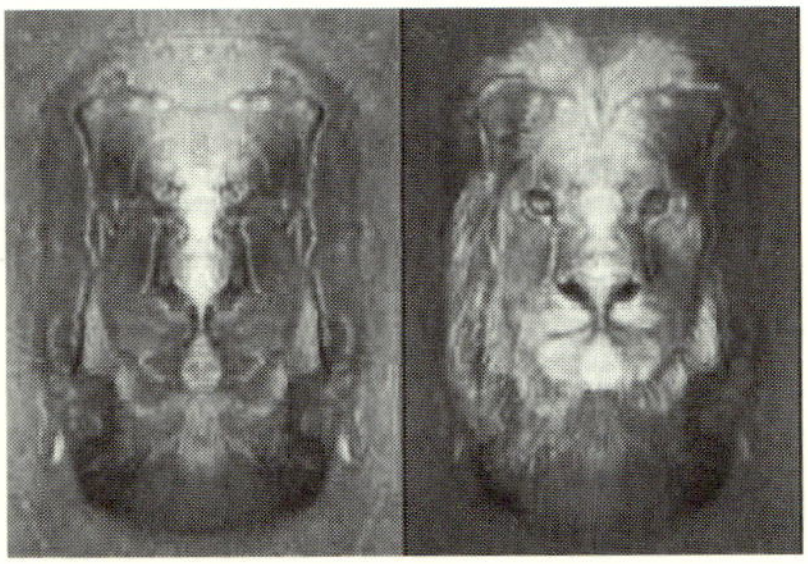

火星の人面像の写真をコンピュータでさらに鮮明にし、顔をタテ半分に割ってみる。そして、顔の右側を左側に重ね合わせてつくった鏡像は、なんとライオンの顔になる！

年もの間、水一滴ない砂漠でした。

このスフィンクスの胴体を浸食するだけの水があった時代にさかのぼり、さらにその水が浸食する時間を計算してみると、驚いたことに、スフィンクスがつくられたのもやはり20万年前、という推論がなされたのです」

そもそも、エジプトのピラミッド群がつくられた年代は、いくつかの文書をもとにした推定にすぎない。それにしても5000年前とされていたものが、20万年前とは、なんという時間差だろうか。

ホグランド氏たちは、「火星の建造物をつくった知的生命体が、いまから20万年前に地球にやってきて、火星とまったく同じ幾何学的な配列でピラミッドやスフィンクスをつくった」という仮説を立てた。その仮説を証明するためにあらゆる研究を行い、彼らはエジプト以外にも、火星のシドニア地域と共通する遺跡を見つけている。

それが、周辺でミステリーサークルが多発していることでも知られる、イギリスの「シルベリーヒル」と「エイブベリー」の二つの遺跡だ。

シルベリーヒルは文字通り、小高く盛り上がった円錐形《えんすいけい》の丘だ。エイブベリーは環状の淵に囲まれた、ただの平たい盆地のような地形だ。

これらがいつ頃、なんのためにつくられたのかは、まったくの謎だ。にもかかわらず、二つの遺跡ははるか遠い昔から、地元の人たちに神聖な遺跡として伝えられている。

「驚いたことに、火星の人面像があるシドニア地域に、これら二つの遺跡とまったく同じ形、同

じ位置関係の小高い山とクレーターが見つかったのです」と、ホグランド氏は言う。

火星のシドニア地域の写真には、人面像の近くにあるクレーターと小高い山が写っている。その上に、透明なセロハン紙にシルベリーヒルとエイブベリーの航空写真の線画を描き、火星のものに合わせて拡大コピーして重ね合わせると、それらはピタリと一致するのである。

それればかりではない。シルベリーヒルと火星の山はまったく同じ形だ。

しかも、エイブベリーにはなぜか環状の土手に切れ目がつくられ、そこに小高く盛り上がった小さな丘のような部分があるが、火星のクレーターの欠けた部分にも同じ形のものがあるのだ。

「**シルベリーヒルとエイブベリーは、古代、これを建造した何者かが、火星の人面像とシドニア地域の詳細を知っていて、その一部をそっくりそのまま、地形に合わせて縮尺したうえ、このイギリスの地に模倣して建造した、としか考えられない**」とホグランド氏は言う。

エジプトのスフィンクスやピラミッド群の建造も同様である。

では、なんのためにそんなことをしたのだろう。

彼らのいた火星へのノスタルジーだろうか。それとも、彼らがＤＮＡを操作して創造した、地球の新人類の子孫に、この事実を知らせようとして残しておいたものなのか。

もし、そうだとすると、実に巧妙に計算されたプロジェクトではないか。**地球人類が火星に向かってロケットを打ち上げ、シドニア地域の写真を撮影するまでに文明が進み、知能が高まったとき、初めて火星との関連を発見できるように仕組んだことになるからだ。**

ホグランド氏は「シルベリーヒルとエイブベリーの周囲に、謎のミステリーサークルが次々にできていることも、大きな関連がある」と言う。

「それこそは、私たちにもっと大きな秘密を知らせようとしているのかもしれません。あるいは、われわれ人類に、未来への道を指し示してくれているのではないでしょうか。

実はもう一つ、興味深いことがあります。**火星のピラミッド群の中央にある『都市』から一直線上に人面像を見ると、ちょうどその目のあたりに、火星の日の出が見えるように設計されているのです。**そして、エジプトのスフィンクスも真東を向いていて、地平線上に太陽が昇ってくるのを見るようにつくられています。

そこで、日本はどうでしょう。昔から『日出づる国』と、なぜか呼び慣らされてきました。これはいったいなぜでしょうか。

おそらくスフィンクスと火星の建造物をつくった知的生命体は、日の出に対して、ある宗数的なものを感じ取っていたのではないかと思うのです。そして日本が『日出づる国』と呼ばれていることにも、何か大きな意味があるにちがいないと思うのです」

ホグランド氏の推理が証明される日が楽しみだ。

中国が月面写真の公表を宣言

２０１３年、とうとう米国議会に新しい動きが起きた。

２０１３年１月９日の「ベテランズ・トゥディ」に、「議会でエイリアン月面基地の存在を暴露」という記事が掲載されたのだ。

「ベテラン」とは英語で「退役軍人」のことであり、「ベテランズ・トゥディ」は、退役軍人や軍事動向に興味のある読者に向けた政治的な内容のインターネットウェブサイトだ。

「ＮＡＳＡが証拠写真の隠滅を主導し、これまでに数千枚にのぼる写真に修正をほどこし、曖昧で見えにくいものになるよう細工していた」とＮＡＳＡの内部告発者が暴露した。フィルターを使って動いている物体を消してしまう方法やソフトウェアによって地形そのものに微調整を加える方法によって、本来、写真に写り込んでいた物体を消してしまうのだ。

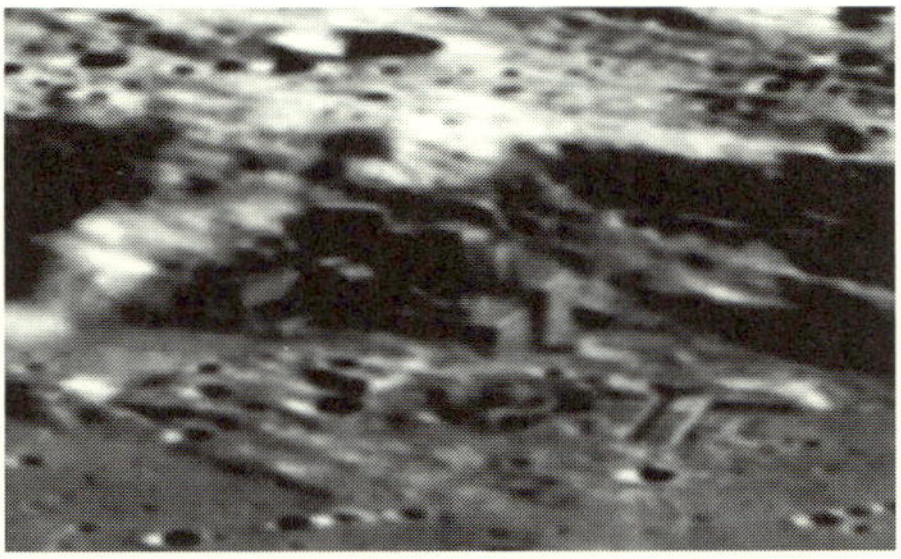

中国の月探査衛星「嫦娥２号」が撮影した「月面の構築物」写真の１枚（中央に建物らしきものが見える）

この事実を裏づけるように、カナダのメディア「ザ・カナディアン」が、科学者マイケル・サラ氏の告発を報道している。その内容はサラ氏が中国の月探査衛星「嫦娥《じょうが》２号＝Chang'e-2」が撮影した高解像度の写真を入手し、「月面の建物や複合的な構築物がはっきりと写っている写真を公表した」というものだ。

嫦娥２号は中国２機目の月周回機であり、２０１０年10月１日に打ち上げられた。解像度10Ｍという高解像度ＣＣＤカメラと、改良した３Ｄカメラを搭載している。

中国は「嫦娥２号から受信したすべてのデータや写真を、今後数週間から数ヶ月以内に公開する」としており、その後、少しずつ公開した。このような動きによって、月面写真の入手がますます可能になりつつある。

中国は2013年12月に嫦娥3号を打ち上げた。今後、月面で走行型探査機〝玉兎《ぎょくと》〟が3ヶ月以上にわたって調査に当たり、画像を地球に送信してくる計画だ。ひょっとすると、近いうちに月面の人工構造物や都市などの画像が公表されるかもしれない。

一方で、ロシアも積極的に動いている。

ロシア国営ラジオ局「ロシアの声」（2013年6月19日）によれば、「月と火星の探査分野でロシアとヨーロッパが協力を行う」と発表されている。

ロスコスモス（ロシア連邦宇宙局）のポポフキン長官と欧州宇宙局のドルデン長官が、「エクゾマルス」プロジェクトにおける義務事項を規定した文書、およびロボット機器を使用して月の探査を共同で行うメモランダム（覚え書き）に調印したという。

「エクゾマルス」プロジェクトでは、2016年に火星調査を目的に、軌道ゾンデ（測定装置）「TGO」を打ち上げ、2018年には火星歩行器を載せた着陸用プラットフォームを送り込む計画だ。このほか、両者は国際宇宙ステーションのプログラム、および太陽系惑星の研究における協力について話し合っている。

このような背景もあるので、米国は早く情報公開をしないと、ロシアや中国に先を越されてしまう。

これまで米国政府は諜報機関と組んで秘密を隠してきたわけだが、あちこちから開示が始まっており、その流れはもう止められないところにきていると言えるだろう。

宇宙人はこの地球を静かに見守っている

あなたは考えてみたことがあるだろうか。

友好的な宇宙人のほとんどが、なぜ地球を守りたがっているのか。そして、なぜしばしば警告に現れるのか。


これは私見だが、ひょっとすると先祖が同じだからではないだろうか。

つまり、われわれ地球人は「宇宙人とのハイブリッドで生まれた存在」なのではないだろうか。

だから、彼らには「助けたい」という思いがあるのかもしれない。

しかし、おおっぴらに姿を現して地球人にいろいろと手を差し伸べてしまうと、地球人独自の文化が育たなくなってしまう。


たとえば、アマゾンに原始的生活をする民族がいるとする。彼らの生活ぶりが厳しそうなので、あるとき、ヘリコプターで現地へ降り立ち、「火を起こすのに、木をこするようなことをしていたら、いちいち大変じゃないか。ここに100円ライターがあるから、これを使ってよ」などと言い、現代文明を入れてしまったら、どうなるだろう。

彼らはたちまち、電気、ガス、水道のある暮らしを始めることになるだろう。そして、原始的な民族固有の文明が断絶してしまうことになる。これまでの歴史から見ても、たとえば、ネイティブアメリカンの人たちの生活はすっかり西欧文明に毒されてしまい、影も形もない。インカの末裔にしてもしかりだ。

地球人類がそのような状態にならないよう、彼らは独自の文明に気づかう愛情を持っているのではないだろうか。だからこそ、「地球人だけでどうにも解決できない場合ができたときだけ、手を貸してあげよう」というスタンスでそれとなく見守ってくれているのかもしれない。

相手を尊重することは、民主主義の基本である。人間としての基本でもある。何をやっても自由だけれど、他人の意思を尊重してじゃまをしない。それが、最低限のマナーだろう。

そのマナーに違反しているのが、地球の権力者たちだ。これまで権力者たちは宇宙人から、「すべての地球人類が平等で、飢えも貧困も病気もない社会のシステムに変えたいなら、こちらからそのノウハウを提供しよう」

という申し出を受けてきたといわれる。しかし、権力者たち、あるいはその周辺の勢力が、自分たちの利益のために申し出を蹴ってしまったというのだ。

だからこそ、権力者たちは宇宙人の存在が明るみに出る日を恐れているのかもしれない。たちまち、彼らの権力がなくなってしまうからだ。

宗教も彼らにとっては、いいマインドコントロールの道具だったのだろう。異なった宗教間で争いを起こさせておけば、自分たちに目が向けられない。しかし、宇宙人の存在が公開されると、争う理由そのものがなくなってしまう。

どんな宇宙人だろうと、人類にとってそれは大きな存在であり、自分たちが争っている場合ではない。そして、彼らが共通の仲間か、敵かを見きわめて付き合っていかなければならない。

もし宇宙人との協力協定が結ばれたとしたら、現在、政治・経済を牛耳る権力者側の都合だけで選ばれている国会議員や大統領は、なんの役にも立たなくなる。宇宙人にとっては、自分たちとうまくコミュニケーションのできる人を選びたいのだから、ごくふつうの人が地球の代表者として選ばれるようになるだろう。

ともあれ、これは今後、UFOと宇宙人の存在が公表されることでうまくいった場合の一つのシナリオだ。公表によって大暴動が起きるのか、それとも地球人類がステップアップするのか、私にはまったくわからない。人間は予想などしても当たらないからだ。

予想・予言のように、起きてもいないうちから、意味のない心配をするのは単なるムダと言えよう。現代人は未来を予測しようとして失敗ばかりしているからこそ、みんなが不安で、そこはかとない恐怖を抱えながら生きているのだ。

「来年どうなってしまうのだろう」「私はこのままでいいのか」「こんな時代が続けば、仕事もなくなって大変なのではないか」などと、考える必要はない。なぜなら、あなた自身がいつ死ぬのかさえわかっていないからだ。

何が起きても動じないように、いまの社会の裏側で起きている真実だけは知っておこう。

あとは、いまこの瞬間を充実して生きることに集中すればいい。

そして、空を見上げるだけの心の余裕を持ってほしい。

本書を読んでいるあなたも、もしかしたらいつか、「地球を代表する人間」になるかもしれない。もし、宇宙人と会う機会があったら、C-SETIのプロトコール（外交上の儀礼）を思い出してほしい。どんな人でも、「未知との遭遇」に恐怖を感じるのは珍しいことではないからだ。

① 恐怖を感じても、心を落ち着かせて取り乱さない。
② コンタクトの喜びや感激から、相手に駆け寄ったりしない。
③ 恐怖心や警戒心を抱かせるような行動をとらない。

あなたのうかつな行動を、宇宙人が攻撃的、あるいは悪意のもとでの行動と受け取ったら、全人類が危険な立場に立たされるかもしれない。

彼らもコンタクトを望んでいるのだ。冷静に、友好的な気持ちで臨めば、きっとあなたの気持ちに応えてくれるだろう。

エピローグ——誰でも宇宙へ行ける時代がやってくる

「２０１８年4月12日、ついに宇宙エレベーターが運行を開始！」

このニュースを私が見たのは２００３年だった。米国宇宙協会が進めている、地球と宇宙ステーションを結ぶエレベーター「Space Elevator」建設計画へ、米リフトポート（Liftport）社が正式な参加を表明したというものだ。

宇宙エレベーターとはどんなものか、ＪＳＥＡ（一般社団法人・宇宙エレベーター協会）のホームページには次のように解説されている。

人工衛星は地球のまわりを回ることによって、遠心力を得ている。軌道上に上がって、そのまま落ちてこないのは、この遠心力と地球の重力が釣り合っている状態を保っているからだ。

宇宙エレベーターの原理は、この静止衛星と同じだ。静止衛星から地上に向けてテザー（ワイヤーやリボン状の紐）を垂らし、このテザーをどんどん伸ばして地上に近づけていく。そのままだとテザーの重さで落ちてしまうので、地球と反対側にもテザーを伸ばしていく。いつも全体の重心が上手く釣り合うように両方に伸ばし続けると、最後には地球に伸ばしたテザーは地上に届くというわけだ。このテザーを宇宙エレベーターの昇降のためのレールとして使えば、何回でも往復できる宇宙へのエレベーターとなる。

これまで、宇宙エレベーターを建設するためには、いくつもの課題があった。そのうち最も大きなものは材料で、同じ重さで鋼鉄の１８０倍ほどの引っ張り強さがあるテザーの材料が必要だった。

しかし、１９９１年に日本のＮＥＣの飯島澄男博士がカーボン・ナノチューブ（ＣＮＴ）を発見したことで状況が変わった。

ＣＮＴは理論上、宇宙エレベーターを建設するのに必要な軽さと強さを持っているのだ。

２０００年にＮＡＳＡの依頼によりブラッドリー・Ｃ・エドワーズ博士が、宇宙エレベーターの実現可能性について初めての体系的な研究を行い、「十分な軽さと強さを持つ材料が開発されれば、宇宙エレベーターは建設可能である」と発表した。

この結果をもとに、アメリカでは宇宙エレベーターの建設を目的とした会社（先述のリフトポート社）などが設立された。またＮＡＳＡは宇宙エレベーター建設に必要な技術を民間により開発させるべく、２００５年より宇宙エレベーター競技会に数十万ドル以上の賞金を提供している。

同じような動きはＥＳＡ（欧州宇宙機関）でも始まっている。２０１２年には10月25日～27日にかけてドイツのミュンヘン工科大学で「第2回ヨーロッパ宇宙エレベーター競技会（ＥｕＳＰＥＣ）」が実施され、日本大学理工学部の2チームが優勝と準優勝を獲得している。

リフトポート社は「Space Elevator」建設計画で、実際の建設作業を担うことになっている。太平洋上の赤道付近に海上プラットフォームを設置する予定だ。そこから約6万2０００マイル（10万㎞）上空の宇宙ステーションに向けて、カーボン・ナノチューブ製の帯状エレベーター軌道（Ribbon）を作り上げ、地球と宇宙を結ぶ Space Elevator を実現させるという。

宇宙エレベーターが実現すれば、大気圏外には約4時間で到達でき、エレベーターの最大積載量は5トン。海上プラットフォームと宇宙ステーションを、1年に数百回往復することが可能という。通信衛星や太陽エネルギーを利用した発電システムといった物資の輸送のみならず、人間を乗せて運行することも計画されているので、手軽な宇宙旅行が実現するかもしれない。

ちなみに、日本の建設会社、大林組も2012年2月、2050年を目安とした地球と宇宙をつなぐ「宇宙エレベーター建設構想」を発表している。

では、宇宙エレベーターのコストはどのくらいなのか。

誰もまだ合理的な見積もりを出せていないが、一説によると最初の宇宙エレベーターの建設に必要なコストは1兆円(つくばエクスプレスの建設費とほぼいっしょ)といわれている。現在のスペースシャトルでは、打ち上げに600億円かかり、1機を建造するのに、2000億円を要する。これまでにスペースシャトルを打ち上げた費用は、なんと6兆4000億円にのぼっているのだ。宇宙エレベーターのモデルではロケット燃料などの準備が不要で、20トンほどの貨物を頻繁に上昇させることが可能だ。仮に年間50回ほどの上昇が行えたとすると、1キロあたり1万円、年間100回だと5000円と、ファーストクラスで1人が太平洋を横断するのと同じくらいになってくる。

2050年にはこのような宇宙エレベーターが実現しているかもしれない
(画像は http://davidmkelly.net/ より)

こうした超大型プロジェクトをもっと積極的に進めるための、一つのアイデアがある。

宇宙といった未来を見据えての計画には予算がつきにくく、どうしても福祉や、公共事業にお金は回ってしまいがちだ。とすると、当初は民間の株式会社のような形で広く一般市民から株式を募集するといい。誰だって、宇宙に行ってみたいはずだ。１株いくらという形で売り出せば、世界中で買い手がつくにちがいない。それを元手に最初の１機をつくる。

それにはまず、世界のＶＩＰに乗ってもらい、その売り上げも利用して２機目をつくればよい。１機目が完成していると、それを建設に使えるので２機目のコストはさらに40％ほど削減できるそうだ。こうして増やしていけば、いずれコストは下がる。

宇宙エレベーターの先に、宇宙ホテルを建造してつなげれば、さらに宇宙旅行という夢が見えてくる。「新婚旅行を宇宙で！」というのもかっこいいのではないだろうか。

宇宙ホテルのラウンジから地球を眺めながら、シャンパンで乾杯！　これほどロマンチックな「ハネムーン」があるだろうか。何よりも、お金の循環をよくするための戦争がなくなる。戦争は明らかに非生産的で未来は暗いのに比較して、宇宙への投資は生産的で、将来への夢を持たせてくれる。

さらに、月に進出することになれば月の豊富な資源を活かしてエネルギーがまかなえる。宇宙都市に住むという夢はもっと身近になる。

宇宙都市構想は１９７４年、米プリンストン大学の物理学者、ジェラルド・オニール教授によって提唱されたものだ。当時、「すでに宇宙に新都市を建設する技術があった」ことも裏づけられているのだ。宇宙ホテルの電気その他のエネルギーは太陽光発電でまかなえる。地球上では空気や雲の存在があり、そのうえ、夜に発電できないなどのハンデで効率が悪い。

しかし、宇宙なら宇宙空間に必要なだけの数の太陽電池を設置すれば、24時間フル発電できるのでエネルギーの心配はまったくない。このようにしてできた電力を宇宙エレベーターのテザーに沿って電線で送れば、地球のエネルギー問題も解決できるだろう。

人口の爆発的増加による食料不足、資源の争奪戦、環境汚染……さまざまな地球の問題を行政や企業、国家、国際協力に頼っていても、もはや対応できないことは明らかだ。

人類が抱えているいろいろな問題は結局、一人ひとりが持つ執着心に原因があるように思える。物やお金や名誉やプライド、現在の生活といったものに執着するから、生きることにも問題が起きてくる。そうした個々人の不満がやがて戦争を生みだし、社会的諸問題を生み出しているのではないだろうか。

それらを思い切って捨ててしまえば、この世は楽園。人生が楽しくて仕方なくなるはずだ（私自身は幸運なことに、第二次世界大戦の敗戦時、海外にいた関係で、命を含めてすべてのものが一夜にして消え去る経験をした。そのおかげでいろいろな執着を捨てることができた）。

すべての執着を捨てれば生きているだけで大満足。それ以上望むべくもない。そして〝あなた自身が宇宙だ〟ということにも気づくことだろう。

私たち一人ひとりが意識を変え、生き方を変えていくことが新しい地球への第一歩となるにちがいない。

矢追純一

参考文献・参考ウェブサイト

『矢追純一のUFO大全　永久保存版』矢追純一　リヨン社
『第5種接近遭遇の謎 ついに宇宙人とのコンタクトが始まった！』矢追純一　KAWADE夢文庫
『宇宙人とUFO怪奇事件簿』矢追純一　河出書房新社
『闇の権力とUFOと日本救済』中丸薫・矢追純一　文芸社
『それでも月になにかがいる』ジョージ・H・レオナード　訳・宮祐二　啓学出版
『極北ロシアの超常事件ファイル』出口昌男　学習研究社
『極北に封印された『地底神』の謎』北周一郎　学習研究社
『フォトンベルトとファティマ大預言』コンノケンイチ　学習研究社
『ペンタゴンの陰謀』フィリップ・J・コーソー　訳・中村三千恵　二見書房
『ムー』2013年2月号／2013年8月号／2013年9月号／2013年10月号／2014年2月号　学習研究社
「WEEKLY WORLD NEWS JAPAN」2011年5月7日
「kotobank」朝日新聞社
「NASAサイエンス・ニュース」2013年8月5日
「National Geographic News」2012年3月30日／2012年6月22日
JAXA（宇宙航空研究開発機構）
『産経新聞』2007年12月18日
『産経新聞』2007年12月20日
『読売新聞』2002年3月1日
自然科学研究機構・国立天文台

ＪＳＥＡ（一般社団法人・宇宙エレベーター協会）
ロシア国営ラジオ『ロシアの声（The Voice of Russia）』２０１３年11月5日／２０１３年6月19日
ロシアの政府機関紙『プラウダ』
「ロシアＮＯＷ」２０１３年4月12日
「The Horizon」
「ザ・リバティweb」２０１３年3月4日
「カラパイア」２０１３年9月26日
「ゲイリー・マッキノン：ペンタゴンをハッキングした男」プロジェクト・キャメロット
「In Deep」２０１３年8月8日／２０１３年1月15日
「驚愕のＵＦＯ極秘プロジェクト・セルポを和訳してみた」
despertando.me
「ＵＦＯ事件簿／ＵＦＯニュース」
『大紀元日本』２００９年12月24日
Kazumoto Iguchi's blog
「まにあ道」
「ＮＡＶＥＲまとめ」
「おいでやす堂」
ウィキペディア（Wikipedia）「月」／「シチズンズ・ヒアリング・ディスクロージャー公聴会」
「You are screwed　あなたはだまされている」２００７年12月23日
「Watch from Brasil　ブラジルの混沌から世界を見る」
「INTEC JAPAN／BLOG」
「マイナビニュース」２００３年6月26日

「宇宙塾」のご案内

宇宙塾とは、矢追純一がこれまでテレビやラジオ、雑誌、本などでは話せなかったUFO・宇宙人問題の真相と、社会の裏、世界の裏の実態を知らせ、宇宙の真の構造と仕組み等の真実のすべてを少人数の対面方式で明かす少数精鋭のセミナーです。

改めて考えてみると「自分」とは〝どこからどこまでをいうのか？〟体や心は〝どうやってコントロールすればいいのか？〟など人間として必要不可欠な基本は誰にも教わったことがないまま生きているように思えます。そのため、いつも心の奥底に、そこはかとない〝不安と恐れ〟を抱いています。だから心の底から笑えないし、なんとなく真から人生を楽しめないのではないでしょうか？

宇宙塾では、こうした根本的な問題が〝ひとりでに〟解消されるメソッドを採用しています。言い換えると知識として記憶する必要も、しっかりと理解する必要もありません。ただリラックスして毎回座っているだけで、ひとりでに体全体分かっていき、いつの間にか、〝心豊かで何の不安も恐れも無く毎日を過ごしていける人間〟に変わっていることに気付く、という感じです。そして本当の意味での〝自信〟を身に付けることができるでしょう。

また、宇宙塾では自分の健康を維持することをはじめ、親族や友人・知人、さらに遠方 に住む人に至るまで、病んでいる人の心や身体を、ごく短時間（5分くらい）で、しかも〝手を触れずに〟癒せる独自の「SE・ヒーリング」を身につけることができます。

おそらく世界で唯一の、ユニークなセミナーといえるかもしれません。

「カリキュラム 」（1）初級　３時間×２回（2）中級　３時間×２回（3）上級　３時間×２回（4）超級　３時間×３回（実技伝授）（隔週のため全約６ヶ月）

これを読んだだけではわからないかもしれません。

〝百聞は一見に如かず〟興味のある方はぜひ一度自由参加コース（毎月最終土曜日、午後7時20分～8時45分）にご参加いただき、ご自身の体でヒーリングも体験してみて下さい。

お問い合わせ・詳細　　矢追純一オフィシャルサイト　http://spacian.net/

著者プロフィール

矢追 純一（やおい じゅんいち）

1935年（昭和10年）7月17日、満州国新京（現・中華人民共和国吉林省長春市）生まれ。かに座。中央大学法学部法律学科卒業。

1960年（昭和35年）4月、日本テレビ放送網（株）入社。日本テレビ時代は「11PM」「木曜スペシャル」などを担当し、UFOおよび超能力番組のディレクターとして活躍する。

1986年（昭和61年）9月、日本テレビ退社。

現在、矢追純一オフィス主宰。「宇宙科学博物館コスモアイル羽咋」名誉館長。地球環境問題、UFO問題を中心に、フリーのディレクター、プロデューサーとして、テレビ、ビデオやラジオの番組制作、および出演と活躍中。さらに「宇宙塾」を主宰するほか、著述、講演、レクチャー、セミナーおよび取材などで世界中を奔走中。著書多数。2013年11月14日よりメルマガを始めた。メルマガ、ブログ、Facebookについては下記HPへ。

矢追 純一オフィシャルサイト
http://spacian.net/

「矢追純一」に集まる未報道UFO事件の真相まとめ
～巨大隕石落下で動き出したロシア政府の新提言

平成26年9月1日初版発行

著者名　矢追 純一

編集協力　高橋清貴 ／ 塩川貴洋

表紙写真撮影　長坂芳樹

発行者　増本利博

発行所　明窓出版株式会社

〒164-0012　東京都中野区本町6-27-13

電話　03（3380）8303　FAX　03（3380）6424

振替　00160-1-192766

印刷所　シナノ印刷株式会社

落丁・乱丁はお取り替えいたします。

定価はカバーに表示してあります。